吃貨

的美食世界

楊塵／著

序

走到哪裡吃到哪裡，吃到哪裡拍到哪裡，隨時隨地用手機記錄旅途上的美食，也是一種休閒樂趣，享受美食與拍照變成現代人一種生活的顯學。

隨著科技的進步，現在手機的拍攝功能，已經變成簡單，方便而且畫質也很好。

對於喜歡美食的朋友而言，到處吃到處拍然後分享給朋友，也是一種生活的樂趣，對於喜歡攝影的朋友而言，雖然單眼相機功能更好，照相畫質更佳，但設備重量較重也是一個惱人的問題，尤其出門吃飯不可能隨時帶著大設備，即便遠出旅遊帶著龐大的照相裝備，整天背著往往讓人疲憊得吃不消。對某些特定主題的攝影當然單眼相機這些大傢伙仍俱備優勢，但對只是到處遊玩，到處逛，到處尋找美食，到處吃這種活動，身邊有一台手機輕鬆愉快，而且基本功能已經足夠。我就是在這樣的背景下，帶著手機偶而加帶小平板電腦，一面玩，一面吃，一面拍，有時也自己下廚做菜自己拍，把一些認為值得寫些短文的事件和照片結合，就這樣整理成冊希望能分享同好和讀者。

最後謹把此書獻給和我一起分享美食的家人和朋友，並感謝每張照片背後的人們和我一起共同經歷的時光和歲月。

2018.10.3 於新竹

目錄
Contents

序 ……3

青石上的咖啡 ……9
秋天的廚房 ……11
秋天的美饌 ……13
煙燻鮭魚煎蛋 ……15
張飛牛肉 ……17
四川麻辣火鍋 ……19
酒鬼酒羊肉爐 ……21
我的山野咖啡 ……23
羊蠍子 ……25
元寶鴨 ……27
徐州菜煎餅 ……29
鶯歌古早味 ……31
臘汁肉夾饃 ……33
驢肉火燒 ……35
德國香腸 ……37
金箔冰淇淋 ……39
客家小炒 ……41
花蓮烤飛魚 ……43
臭鱖魚 ……45
烤竹筴魚 ……47
臘味煲仔飯 ……49
Paul 芒果沙拉 ……51
饢炕烤羊排 ……53
客家鹹豬肉 ……55
百年紀念酒 ……57
山豬葡萄酒 ……59
段純貞牛肉麵 ……61
蘭州牛肉拉麵 ……63
學甲虱目魚粥 ……65
日本壽司 ……67
燒烤帝王蟹 ……69
台灣木瓜 ……71
北平羊湯館 ……73
海鮮暖沙拉 ……75
印度咖哩 ……77

義大利墨魚麵 ⋯⋯ 79
鹽烤鯖魚 ⋯⋯ 81
散壽司 ⋯⋯ 83
最醜的美味 ⋯⋯ 85
牡丹蝦兩吃 ⋯⋯ 87
成都担担麵 ⋯⋯ 89
重慶小麵 ⋯⋯ 91
烤羊肉串 ⋯⋯ 93
青城山老臘肉 ⋯⋯ 95
老陝油潑扯麵 ⋯⋯ 97
蘇州藏書羊肉 ⋯⋯ 99
窯烤甕仔雞 ⋯⋯ 101
一個人的牛排 ⋯⋯ 103
南翔小籠包 ⋯⋯ 105
酸菜白肉鍋 ⋯⋯ 107
上海紅燒肉 ⋯⋯ 109
上海生煎包 ⋯⋯ 111
驢打滾 ⋯⋯ 113
火燒 ⋯⋯ 115
涮羊肉 ⋯⋯ 117
羊肉泡饃 ⋯⋯ 119
新疆烤饢 ⋯⋯ 121
柚子的往事 ⋯⋯ 123
龍井蝦仁 ⋯⋯ 125
乾煎白水魚 ⋯⋯ 127
老媽兔頭 ⋯⋯ 129
古鎮鍋巴河蝦 ⋯⋯ 131
鮮蝦義大利麵 ⋯⋯ 133
蘭嶼炸飛魚 ⋯⋯ 135
耿福興蝦籽麵 ⋯⋯ 137
砂鍋魚頭湯 ⋯⋯ 139
土耳其紅茶 ⋯⋯ 141
陽光早餐 ⋯⋯ 143
太白紅燒肉 ⋯⋯ 145
長江雜魚鍋 ⋯⋯ 147
老北京炸醬麵 ⋯⋯ 149
炸醬麵的後台 ⋯⋯ 151
巢湖白水魚 ⋯⋯ 153
雲南石鍋魚 ⋯⋯ 155
雪紅果 ⋯⋯ 157
紅湯麵 ⋯⋯ 159
鵝肝杏仁蝦球 ⋯⋯ 161

好福記老鴨煲 …… 163
咖啡之路 …… 165
火腿的魅力 …… 167
徐州地鍋雞 …… 169
毛氏紅燒肉 …… 171
黃山臭豆腐 …… 173
麵包最佳搭檔 …… 175
清蒸鰣魚 …… 177
帶皮驢肉湯 …… 179
鹽的滋味 …… 181
披薩的原味 …… 183
老上海熏魚 …… 185
松鼠魚 …… 187
喝茶山水之間 …… 189
用餐金雞湖畔 …… 191
貴妃最愛 …… 193
路邊爆米花 …… 195
鼎泰豐小籠包 …… 197
仙草涼麵 …… 199
小學咖啡 …… 201
老陝褲帶麵 …… 203
老陝麵食我的最愛 …… 205
記憶中的地瓜球 …… 207
台南擔仔麵 …… 209
怪石岸邊吃烤飛魚 …… 211
原住民石板烤山豬肉 …… 213
莫干山下草雞湯 …… 215
哈爾濱醬骨架 …… 217
梅乾菜扣肉餅 …… 219
孔乙己茴香豆 …… 221
蠡園吃白水魚憶西施 …… 223
香雪海清炒河蝦仁 …… 225
樹山青團子 …… 227
太湖三白和激浪魚 …… 229
太湖邊的下午茶 …… 231
蘇州楓鎮大麵 …… 233

護城河畔吃泡椒藕帶 …… 235
武漢藕湯排骨 …… 237
陽澄湖大閘蟹 …… 239
江南大院的芝麻球 …… 241
南京鹹水鴨 …… 243
雲南汽鍋雞 …… 245
第一伴手禮鳳梨酥 …… 247
鹿港蚵仔煎 …… 249
臺北故宮的藝術饗宴 …… 251
傑米・奧利佛的美食 …… 253
媽閣廟旁吃葡萄牙料理 …… 255
支笏湖邊吃義大利餐 …… 257
獅頭山上的野餐 …… 259
巨石上的午餐 …… 261
馬祖繼光餅 …… 263
仙人掌冰淇淋 …… 265
武漢老豆腐 …… 267
乾縣鍋盔大餅 …… 269
周莊萬三蹄 …… 271
同里雞頭米 …… 273
西塘東坡肉 …… 275
烏鎮羊肉麵 …… 277
北京烤鴨 …… 279
什剎海烤肉季 …… 281
門丁肉餅 …… 283
自製涼拌牛肉 …… 285
桂花糯米藕 …… 287
紅火朝天湖南菜 …… 289
勃艮地焗烤蝸牛 …… 291
梧桐貝貝的咖啡時光 …… 293

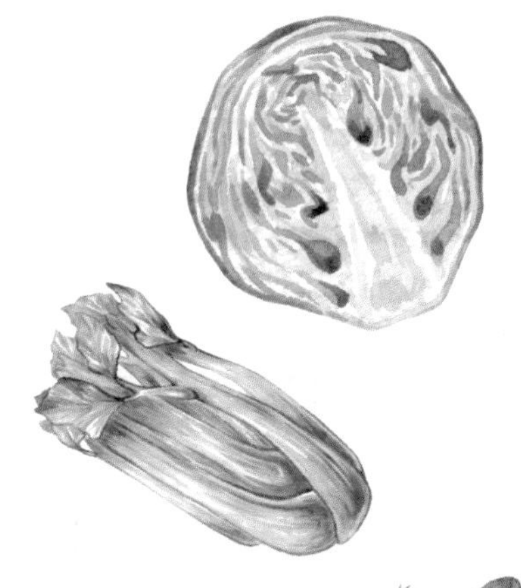

2016　新竹縣北埔

青石上的咖啡

喝咖啡不一定要漂亮的杯子或舒服的座椅，雖然燈光昏黃的西餐廳雅座有一種浪漫慵懶的氛圍，但戶外咖啡另有一種清新脫俗的情調，簡單素雅的杯子，咖啡放在古樸厚重的天然青石桌上，坐在石板椅上享受冬日暖陽的輕撫，木屋外的小園種著四時的花朵，桂花樹的枝影掩映在青石的咖啡上，腳下是地毯一般柔軟的綠草，這個季節蜂蝶早已遠去，即便只有清風相伴，喝這樣一杯咖啡一定得有個開場儀式，我拿出手機頂禮膜拜，留下我在北埔老街廣福茶樓的一張紀念照。

2015　上海

秋天的廚房

秋天是收穫的季節，陽光漸漸柔和，溫度涼爽而空氣清新，此時是出外旅遊登高遠眺的最好時機，春天開的花，秋天結的果，樹葉開始變色之際，果實也由青澀變成熟。喜歡吃水果的此時走一趟菜市場，可以買到五顏六色的各款水果，水果一般生食，但我也喜歡拿來做菜，做沙拉或熬果醬。一個秋天的下午，陽光溫暖，在自家廚房中島，把自己購買的水果和親自栽種的花朵一起擺放著，於是羅勒插於花瓶，柚子，南瓜，佛手柑，柿子，石榴，山楂和橘子統統放在桌面，拉上白色窗簾，陽光從側面百葉窗邊流瀉進來，我用iPAD拍了這張大合照。秋天的廚房有著各式瓜果，感謝和平年代上蒼的恩賜，儘管秋風起後日漸蕭瑟，但我喜歡這樣的季節，春天的花朵在此皆有著圓滿的結果。

2015　上海

秋天的美饌

秋天你可別錯過季節的美饌，吃螃蟹，喝黃酒，剝柚子，啃板栗，賞明月，嚐月餅，觀秋菊，品桂花。如果你一樣也沒有，那就辜負了黃金時光，「莫放春秋假日去，最難風雨故人來」，故人來時我開懷乾杯，故人沒來我閒情獨飲。世事興衰，人情跌宕，桂花樹前，涼風送爽，拿起iPAD順便拍了一張，乾杯！一樽敬我同好。

2015　上海

煙燻鮭魚煎蛋

洋蔥和大蒜瓣去皮切碎，小番茄縱向切對半，小煎鍋放橄欖油開小火，入洋蔥碎和大蒜碎炒香，再入小番茄炒二分鐘，加海鹽和黑胡椒碎調味。開大火，接著均勻倒入打散的蛋液，把煙燻鮭魚切片平貼於蛋液面，蓋鍋轉中小火續煎二分鐘，關火再燜二分鐘，打開鍋蓋觀察，一旦蛋液表面開始凝結，撒上切碎的荷蘭芹和黑胡椒碎並淋上少許檸檬橄欖油，拿著煎鍋直接上桌。配一杯現磨咖啡和現烤麵包一起食用，拿起手機看一下短訊順便來一張特寫，早安！致各位親愛的朋友。

2016　成都錦里

張飛牛肉

四川作為三國時代的蜀國，文臣武將，人才輩出，而劉關張桃園三結義更是家喻戶曉，膾炙人口。如今大江東逝，英雄遠去，但來到四川成都你會發現，這些三國人物還在發揮著影響力，人們緬懷他們在歷史上的豐功偉業，因而在產品的命名上，又把他們重新推上歷史的舞台，其中最出名的當屬張飛牛肉。在四川張飛牛肉已是一家以牛肉產品暢銷市場的企業，在成都更是到處都有販賣張飛牛肉產品的商家，而商家也別出心裁，由真人打扮成黑臉張飛模樣，站在店門口大聲吆喝，招攬生意。位於成都武侯祠旁的錦里，是一條很有特色且頗具歷史的懷古老街，各種成都小吃和紀念品，此地應有盡有，來此逛街吃點心，還能喝茶看戲。我冬日來此，閒逛街中，人群依舊摩肩擦踵，忽聞有人大聲吆喝，抬頭一看，張翼德就在眼前，一下子腦海裡閃過長阪坡的場景，還好張飛只是熱情的促銷他的招牌麻辣牛肉，我拿出手機怕下此照，口水都差點流了出來。

2016　成都江北火鍋

四川麻辣火鍋

在四川尤其成都或重慶，不能吃麻辣口味的食物，那可是一件相當不幸而且相當惱人的事情，四川並非花椒和辣椒的原產地，但自從花椒和辣椒引進蜀地，並在此生根落地之後，因為氣候和環境得宜且食用可以去濕，此物已是四川人日常飲食不可缺少的調味料，可以說無此物，川人覺得食不知味，早已變成人們心中的絕代雙嬌。四川眾多美食中，麻辣火鍋算是最為紅火的，一般顧及有些人不太能吃辣，因此火鍋中也有兼具辣與不辣兩種口味的鴛鴦火鍋。我到成都旅遊時在一家江北火鍋店用餐，雖說點的是鴛鴦火鍋，但仔細一看一個偌大的大銅鍋，四周全部被紅火的「絕代雙椒」包圍，只有中間一小區是不辣的國度。此種火鍋燙出來的牛肉相當麻辣滑嫩，不能耐辣者，最好蔬菜在中間那鍋燙熟食用，要不然隔天會相當痛苦。我曾經不只一次在衛生間握拳敲著牆壁，暗自發誓再也不吃這鬼玩意兒了，可到現在我面對此種癮物，從來就沒有成功執行過自己的誓言。

2014　新竹

酒鬼酒羊肉爐

在新竹有一家極品羊肉爐，中國人有進補習慣，因此每到冬日人滿為患，倒是夏季生意清淡，老闆乾脆關門旅遊外出。商家用帶皮羊肉放入陶甕輔以中藥香料一大袋，用熊熊炭火把它熬煮得軟爛適中而且香氣四溢。寒冬夜晚，邀Anthony周和Johnson虞兩個同學圍坐矮凳，一面大啖羊肉爐一面豪飲酒鬼酒，盡情快意，於是賦詩一首作為小記。「小店冬夜，熱氣蒸騰，窗外寒流呼嘯，青年同學又小聚。酒鬼酒，乾一杯，過往年華似流水，早華髮，皆安康，天生我才何須論功名。人過半生，天地漸闊，煎熬打滾，釜中羔羊遂到味，若問眼前，誰主浮沉，當是爐底心中一團烈火。」

2015 新竹雪霸農場

我的山野咖啡

很多人可能和我一樣，憶起在某個地方喝過這輩子最好喝的咖啡，所謂心中的夢幻咖啡。也許是初戀的那家咖啡館，也許是旅行中的某個城市角落，或者是陪伴自己消磨過許多悠閒時光的一家小店，更多人可能是自家餐桌或陽台自己親手研磨沖泡回味不絕的手上那杯。每人喜好不同，我獨鐘情一杯山野咖啡，是什麼咖啡品種配什麼杯子已不重要，只要一杯在手，遠山疊嶂，浮雲飄渺，芒草花隨風搖曳，我和山狗野鴿沐浴著同樣的日光。山野咖啡有一種獨特的滋味，那是聞著味道，幾番桑田幾滄海，再喝下去，半是青山半白雲。

2015　北京

羊蠍子

羊蠍子這名字取得很形象，因為一根羊的脊梁像極了毒蠍尾巴翹起的模樣。當北京遊客忙著吃烤鴨，涮羊肉和炸醬麵之際，很少人會去注意羊蠍子，只剩老北京和老饕會去啃一堆硬骨頭了。世代交替，這道平民地方菜雖具特色，但沒有大廚加持難登大雅之堂，只能隱匿於胡同小店。我找了很久，在工人體育館附近找到一家小店，上桌時用銅鍋裝滿一鍋羊蠍子，羊蠍子炖得軟爛很容易從骨架上把肉卸下，湯頭滋味鮮美，啃完剩下的一截截羊骨脊梁剛好裝滿一盆。另外一些羊蠍子店也喜歡烹調帶辣口味的菜色，品嘗羊蠍子用筷子不好使，用手拿有北方遊牧民族的豪邁和粗獷味道，既方便又過癮。羊蠍子雖不是什麼大菜，但作為羊肉料理的特色菜，這一道原汁原味的北京小食，仍是一截令難以遺忘的風騷脊梁。

2015　北京

元寶鴨

當眾多北京遊客都爭著到全聚德吃烤鴨時，如果你到朝陽門外的東嶽廟（又名北京民俗文物館)參觀，別忘了就在它邊上有一家東岳飯莊，它的招牌菜元寶鴨外皮酥脆肉質香軟，剛烙出來的家常餅配香椿苗拌鮮核桃仁也是絕配，這是北京烤鴨之外另一道老饕私房菜，天子腳下真是臥虎藏龍。我有時一個人到北京出差，跑到此店點一隻元寶鴨就著小二（小瓶的紅星二鍋頭)，喝著喝著竟然把一整隻鴨啃得只剩骨頭，哎！自己獨享無人爭鋒，這種滋味應該就是皇帝才有的享受吧！

2013　江蘇徐州

徐州菜煎餅

徐州這座千年歷史名城，街頭的小販有賣一種菜煎餅，燒熱一口黑嚕嚕的大煎鍋，塗上調好的麵糊，加入白菜絲、青菜絲、胡蘿蔔絲、粉條、辣椒碎和調料，另外再蓋上一張剛煎好的餅皮，把煎餅兩面壓實煎至酥脆，最後再切成數塊。當年寒冬與韓國友人Richard和台灣友人Gorden，前去拜訪位於徐州工作的朋友Joe，一群人路過街邊看到販賣此小吃，雖然看上去有點髒亂，但攤主熱情招呼，於是點了一份大夥分食，其辣無比但酥脆好吃，大街上寒氣逼人，我們吃在嘴裡熱氣騰騰一直冒煙，我拿手機隨便拍了一張以為紀念。有時懷念一個城市並非這座城市有多美麗，而是想起在這座城市裡和一些人發生的一些軼事。多年後想起徐州，想起項羽和劉邦，想起國共徐蚌會戰（淮海大戰），想起友人，想起菜煎餅。

2014　桃園鶯歌

鶯歌古早味

鶯歌這個台灣北部的小鎮，素以陶瓷藝品聞名全臺，昔日在此創作陶藝的師傅和買家絡繹不絕。隨著時代的變遷，這個陶瓷之鎮如今風華不再，訪客稀疏，當我再去拜訪時，還在創作的陶瓷工坊所剩不多，倒是一些商家已經淪為日本陶瓷次品的販賣店，我穿梭在古街的商家中想買幾個碗盤，但很難找到鍾意的，最後只找到一個盤子繪著淺藍的蘭花圖案，盤子質樸價格便宜。倒是中午時刻走進一家小店用餐，餐點用古式陶碗裝盛而且生意不錯，這充滿濃濃台灣古早味道的飯菜，多少彌補了一些我在此尋古懷舊不得的虛微心情。鶯歌一個落寞的陶瓷之鎮，在繁華落盡之後到底還能走多遠，我拿取手機拍了此照，也許能證明它往日風光歲月的，只剩下桌上裝著乾拌麵和蒜頭蛤蠣湯的大碗和小碗。

2015　上海

臘汁肉夾饃

臘汁肉夾饃是陝西西安著名的小吃，把五花肉加八角、桂皮、肉豆蔻、丁香、花椒、草果、生薑等香料滷得濃香軟爛，滷汁上浮著一層像臘一樣的油脂，將浸泡著臘汁的五花肉取出用刀剁碎，塞入一塊從側面中間剖開的烤餅裡面，烤餅厚實外脆內軟，用手拿著直接咬開，一口接著一口香濃無比，再配上一碗熬煮得濃郁豐腴的羊肉粉絲湯，無疑是人間美味，尤其是寒冬之際，一個肉夾饃配一碗熱騰騰的羊肉粉絲湯，那真是令人滿足舒暢，我在西安、北京、上海、深圳都吃過此道老陝名食。人因地域不同或許口味有異，但人的味蕾對美食的觸感卻沒有地界和國界，因而經典的美食到哪裡都受歡迎，肉夾饃看來已經跨越時空，跨越中國各大城市成為一種經典名食。肉夾饃這個名稱一般人初次聽到覺得有語病，應該是饃夾肉怎會是肉夾饃呢？其實肉夾饃其意乃肉夾於饃，看來這西安名食和這座古城一樣很有文化底蘊啊！

2014　北京

驢肉火燒

驢肉火燒是河北保定、河間一帶著名的小吃，驢肉加各種香料滷得軟爛香濃，把驢肉剁碎和切碎的辣椒一起塞入切開的燒餅中間，用手拿著直接咬食。燒餅北方人稱火燒，烤得酥脆可口和夾著的驢肉一起入口真是絕配，再配上一碗驢肉湯或驢雜湯，很快可以祭祀一座飢腸轆轆的五臟廟。驢肉之美味自古即有「天上龍肉，地上驢肉」之說，據說清乾隆帝行經河間品過農家驢肉配火燒，稱讚不已還即興賦詩。我出差北京時吃過幾次驢肉配火燒，有時獨自一人還要了一瓶小二（小瓶二鍋頭)，驢肉火燒較乾，驢肉湯香濃但驢雜湯略帶腥羶，此時燜上一口二鍋頭同時化解了口裡乾坤的激烈交鋒，那真是一個過癮。吃不到天上龍肉，來個驢肉火燒，北京城下坐在小店一人獨享，此時感覺也像個天子一樣。

2007.7.16　德國

德國香腸

說起吃豬肉，全世界最有名的有兩個國家，一個是中國另一個是德國，中國有名的豬肉料理那是洋洋灑灑，可以說豬的所有部位都被發揮得淋漓盡致無一浪費，而德國豬肉料理中以豬腳和香腸最為有名。德國香腸長短胖瘦有各種尺寸及各種口味，也是盡其所能把豬肉的各種組合灌成香腸，香腸的製作有利於食物的保存和方便日後的烹調。德國香腸可以燒烤、水煮或油煎，但不管如何烹製，德國香腸出場必然要有酸菜，德國酸菜是用圓白菜（高麗菜）或大頭菜醃製發酵而成，酸菜可以解豬肉油脂之膩，也可以平衡肉類的鹹味。可以說對美食的天然組合人類有其共同的本能，我國的東北酸菜白肉鍋，台灣紅燒牛肉麵配酸菜，美國的熱狗配酸黃瓜，法國的煎豬排配酸豆芥末醬，韓國的烤肉配泡菜等等，都說明了東西美食在人類本能的味覺下有著異曲同工之妙。吃德國香腸配酸菜，再來一杯德國啤酒，這個類似儀式一樣的標準吃法，應該算是德國人對豬肉料理最完美的詮釋吧！

2014　日本北陸富山

金箔冰淇淋

全世界都愛黃金，黃金除了做成飾物也用在工業產品上，倒是日本人狂熱把金箔摻進酒裡成為黃金酒，把金箔撒在菜餚上成為黃金菜。冬季的日本北陸大雪紛飛，竟然也販售金箔冰淇淋，冰淇淋有很香濃的雞蛋蛋糕味道，撒上閃閃發光的金箔形成一道夢幻般的甜點。黃金打成超薄金箔吃進人體無害，但也很難被胃腸吸收，食用黃金視覺大於味覺只是一種噱頭，但令人感覺吃到一種高貴食物應該也是人生一樂也。排隊買了一枝，看著兒子吃著驚豔的金箔冰淇淋津津有味，早已忘卻了此刻正是大雪紛飛的寒冬呢！

2015　新竹縣北埔

客家小炒

客家小炒儼然已是客家菜的一張名片，在台灣凡是客家餐館沒有不提供此道菜的。用豬油爆香五花肉後，入蔥段、辣椒和芹菜同炒，接著放入豆干切片和魷魚切條再炒，最後加鹽、白胡椒和醬油調味。此道菜下飯下酒皆宜，客家菜早期有點艱困克難的味道，但隨著時代演進，反而因其質樸實在價格不高而大受歡迎。新竹縣北埔是台灣客家族群聚集的主要地區之一，如果你到北埔要去逛老街，位於北埔老街有一百年老店客家菜餐廳。你可以先到後山的秀巒公園，然後逛金廣福古蹟，最後可以在老街順便用餐，我喜歡晃到招牌掛著百年老店的那一家，坐在老舊的木桌位置，點上燜竹筍、客家鹹豬肉、炒板條，當然少不了一份客家小炒。各個地方的飲食特色其實是一種族群文化的延伸，客家人素有刻苦耐勞一種所謂「硬頸」的堅毅精神，若你常吃客家菜餚，就可以感受其中質樸的滋味以及濃厚的客家精神。

2015　花蓮

花蓮烤飛魚

說起飛魚，很多人可能不太熟悉此魚，飛魚最出名應該是台東外海的蘭嶼。飛魚是蘭嶼達悟族人的主要食用魚種，每年三至六月飛魚沿著太平洋黑潮一路向北游去，在台東外海蘭嶼附近遭遇捕獵後，其餘繼續向花蓮外海游去，因此在花蓮外海捕獲的飛魚，體型明顯比台東和蘭嶼地區要小。飛魚有兩個很大的側翅，跳躍海面時張開側翅有如飛翔一般故稱飛魚，由於捕獲時數量龐大，漁民一般宰殺後抹鹽曬成魚乾以利保存，飛魚乾燒烤後直接食用，肉質鮮美。記得小時候在台南也可吃到冰鮮的飛魚，父親稱為「飛烏」，意為會飛的烏魚，確實除體型略小，飛魚長得類似烏魚，母親則加醬油和生薑烹煮。長大後再也沒吃過飛魚，倒是有一年和家人及同學阿龍同遊花蓮，在一個原住民夜市吃到了烤飛魚乾，不覺又回憶起小時候的一些生活點滴。

2015　北京朝陽區工體東路

臭鱖魚

說起臭鱖魚，那安徽臭鱖魚可是大名鼎鼎，不過我第一次吃臭鱖魚卻不在安徽而在北京，難道天下逐臭之夫已擴散到天子腳下？臭鱖魚源於安徽徽州（今黃山市）一帶，昔日長江一帶的鱖魚運至黃山地區販售，因山遙路遠將鱖魚撒上薄鹽以利保存，等到達目的地鱖魚散發一種似臭非臭的特殊味道，經過料理烹調後卻香濃可口，此菜因此流傳下來成為安徽膾炙人口的名菜。我第一次去黃山時住宿黃山腳下，歙縣古鎮餐館就有臭鱖魚，不巧當時肚不適不敢嘗試此魚，黃山也沒爬成，安徽名山與名菜因此失之交臂。直到五年後到北京和友人小吳相約一起吃飯才遇上，我許久沒去北京，本來和小吳相約去吃元寶鴨，結果餐館沒找著，又提議吃烤鴨，無奈烤鴨店已關門大吉，然後想去吃涮羊肉，結果涮肉店竟不知去向，最後只得在旁邊找到一家炒菜餐館，店內招牌菜就是臭鱖魚，兩人點了臭鱖魚，此魚聞起來臭吃起來香，此味道看來已從黃山腳下一路飄到紫禁城了。

2015　新竹

烤竹筴魚

位於新竹市學府路的吟川本料理，供應物美價合的日式料理，生魚片、沙拉、壽司和烤物。我特別喜歡一般菜單裡沒有的今日特別菜單，身為餐廳大廚的老闆每日跑到基隆漁港批貨，遇到難得的新鮮魚蝦蟹貝，老闆根據食材的實際狀況設計特別菜單，每天寫在看板上供老饕點用，因為一般菜單上的日式料理每家餐廳大同小異，倒是今日菜單上每天都不同，我每次前去用餐都先盯著看板，期盼每次都有不同的驚喜。我特別鍾情這邊的烤魚，尤其是可以一人獨享的小型魚類，譬如鹽烤竹筴魚，因應季節的變化，這兒有許多不同的烤魚可吃，烤魚只抹了少許海鹽便能將大海的美味發揮得淋漓盡致，新鮮質樸一種純粹的美味再喝上一盒清酒，是一種日本道地飲食的標誌，雖然沒有懷石料理的繁複精緻，但我更享受此種回歸自然的簡單烹飪料理。

2015　上海衡山小館

臘味煲仔飯

在廣東餐館裡最受歡迎的米飯料理當屬臘味煲仔飯了，這種白米直接放在一個陶鍋裡煮熟前（大約七分熟米飯已定型）再放廣式臘味，一般是臘肉、臘肉腸、臘肝腸、臘雞的廣東米飯料理，陶鍋直接上桌後打開鍋蓋，米香和臘味香撲鼻而來令人食慾大動。食用前趁熱淋上特調醬油並用鐵勺把整鍋米飯拌勻，鍋底的鍋巴香脆無比更是不能錯過。位於上海南丹東路的衡山小館是一家傳統的廣式料理，我每次去吃飯必點臘味煲仔飯，配上廣東菜心和煲湯那真是絕配，一般我用餐不太吃飯或者只吃一碗飯，但是遇到臘味煲仔飯就無法控制，至少一次吃兩碗有時吃三碗，一定得吃到整鍋見底才肯罷休，吃完自己都覺得驚訝。只能說我對臘味煲仔飯是又愛又恨，愛它連靈魂都獲得極大滿足，恨它每次都讓身體超量負荷，又愛又恨，欲罷不能一種所謂對味吧！這也是我對臘味煲仔飯最好的詮釋了。

2014　新竹Paul

Paul 芒果沙拉

Paul 是一家法式輕食的連鎖店，以沙拉、麵包、簡餐、甜點、咖啡為主，輕食望名生義，它是一種輕便的飲食，美味而對身體負擔較輕，但絕對不是速食那種廉價且高熱量的食物。輕食裡面我最喜歡沙拉了，一般的組合是新鮮蔬菜和水果、堅果和少許的葷食。位於新竹巨城百貨正門旁有一家Paul輕食，我喜歡點那兒的沙拉和麵包再配上一杯咖啡做為午餐，若是夏季剛好是台灣芒果的盛產季節，女兒Sharon在此工作時會特別推薦此道芒果沙拉。新鮮的羽葉萵苣、卷葉萵苣、洋蔥絲、切瓣的番茄、愛文芒果切丁，再配上煎熟的海蝦和烤香的杏仁片，撒上帕馬森乳酪絲及乾燥的紅椒絲，淋上醬汁並擠幾滴桔汁上去。此道清爽的沙拉就是夏季最好的開胃菜了，再配一份烤麵包和咖啡，用完令人輕鬆愉快，或許這就是輕食的魅力吧！

2015　上海耶里夏麗餐廳

饢炕烤羊排

烤羊排吃過很多次，但好吃又價位不高的不多，位於上海徐匯區南丹東路的耶里夏麗，是我心中的夢幻羊排。它有傳統的烤羊肋排，此羊排也很好吃但肥油稍多，另一種所謂饢炕烤羊排乃選帶骨里脊羊排，在饢炕中烤熟後依肋骨排列切開，此肉肥油很少但軟嫩無比，蘸點孜然食用香氣四溢。我喜歡同時點一種叫羊皮筏的大烤餅一起食用，此餅烤好後中間鼓起飽滿的熱氣，看起來像極了橫渡黃河的羊皮筏故得名。這家新疆餐廳有維吾爾族的傳統歌舞表演，我通常會點一瓶新疆葡萄酒或土耳其的紅酒來佐餐，一手抓著羊排一手端著葡萄酒，眼前音樂激盪歌舞迴旋，人生至此，夫復何求。

2015　新竹縣北埔

客家鹹豬肉

客家族群因為歷史上的戰亂遷徙，在台灣大部分居住靠近山區，早年由於環境艱困，物資匱乏，因而發展出對食物保存的各種方法，客家鹹豬肉便是其中之一，近年經濟條件變好，客家料理卻因樸質親民而廣受歡迎。我對客家料理中的鹹豬肉特感興趣，鹹香味濃特別適合下飯或下酒，位於北埔老街有幾家賣鹹豬肉的店，每到假日大排長龍生意特好，此種鹹豬肉做法為，選上好的五花肉切成大約二公分左右的厚片，加胡椒粉、五香粉、米酒、海鹽混合塗抹後冷藏醃製大約三天，取出後刮去多餘的醃料塗些油用鍋煎熟或烤箱烤熟，然後再切薄片食用，食用時配些青蒜和白醋。我自己也做過幾次，它有一種新鮮豬肉無法比擬的香味，物換星移時空變化，這道當年客家人因應生活所需而發明的鹹豬肉，如今成為客家美食的代表作。

2014　新竹

百年紀念酒

中華民國於一九一一年建立至二零一一年剛好一百年，台灣玉山高粱嘉義酒廠推出五年陳釀玉山高粱建國百年紀念酒，此酒陶罈盛裝，每罈二十七公升，限量一百罈發行。我於隔年春天和好友Michael葉剛好前去嘉義酒廠參觀拜訪，老葉的父親是赫赫有名的金門高粱酒創始人葉華成先生，因而我們額外受到嘉義酒廠廠長黃及時先生的接待，在此因緣際會之下，我買了一罈建國百年紀念高粱酒，我和老葉在酒罈上簽了名，也請黃廠長賜字簽名以為紀念。此酒之後暫時保存於嘉義酒廠，直到三年後即二零一四年才運抵家中儲存，這罈酒做為一個念想和期待，留作以後一個特別場合的開罈酒，我事先拍照以為存證。

2014　新竹

山豬葡萄酒

Cignale紅酒，這瓶義大利凱薩城堡山豬故事葡萄酒是托斯卡尼地區的名酒，它的酒標上有四種不同的山豬鉛筆畫圖案，是為了紀念一群山豬對該葡萄酒的貢獻設計的。該酒莊過去釀造葡萄酒屬於一般，某年葡萄快要收成之際來了一群山豬，把莊園的葡萄樹和葡萄毀損及吞食。莊園主人兼首席釀酒師只好收拾殘局重新栽種葡萄，不料那些未被山豬損毀的葡萄隔年雖然產量減少，但釀酒品質卻意外變得更好，莊主從中領悟到要提升葡萄品質必須加大種植距離，為了感謝山豬事件帶來的啟發，便在酒標上放了山豬圖案。我在經營月光流域葡萄酒專賣店時販售過此酒，此酒酒體強壯色澤飽滿，一開瓶香氣襲人但單寧澀冽難以入口，要等醒酒一至兩小時後口感轉為柔順香氣更加迷人。葡萄酒的迷人之處也在於你懂得如何喝它，就像此酒一開始如山豬一樣狂野不羈，但你花點時間把牠馴服了，就如家豬一樣親和可愛。

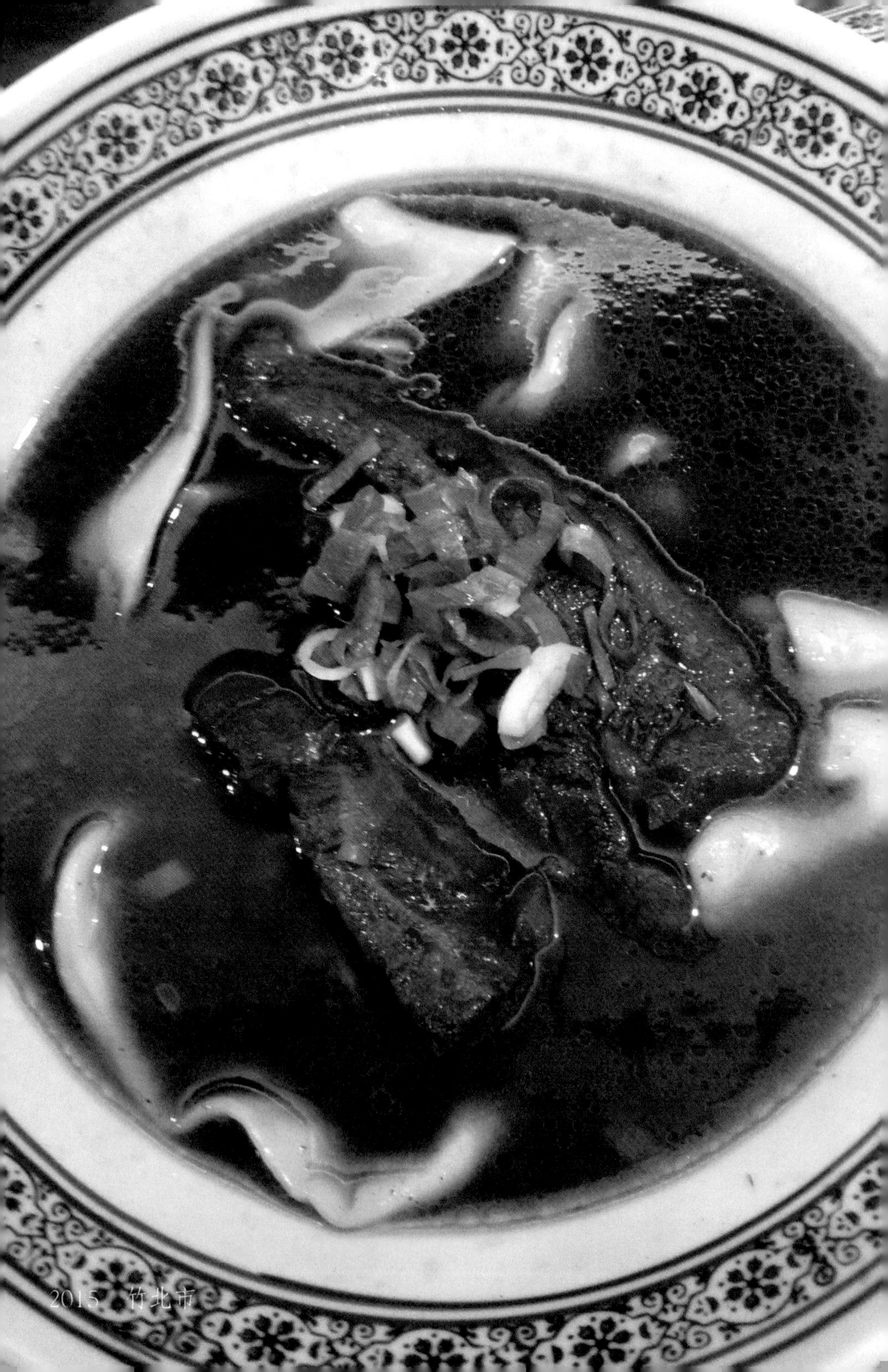

2015　竹北市

段純貞牛肉麵

最早位於新竹市武陵路的段純貞牛肉麵，後來又於建功一路開分店，段純貞牛肉麵屬於四川麻辣味，湯頭濃香夠味，牛肉採用腱子肉炖得鬆軟可口，麵有分一般麵和手工麵。此店每到中午和晚上，營業時間未到就已大排長龍，由於生意太好沒有接受預定，即使排隊等待拿號，人員尚未到期依然不能入座，可見其生意火爆和受顧客青睞之程度。最近又在竹北市嘉豐五路開設新店，此店依然人滿為患一座難求，可見其魅力不減。我第一次吃此牛肉麵是和五弟去的，剛好他也在建工路上販售葡萄酒的生意，後來和朋友Simon盧一起去嘉豐五路吃，Simon盧是個牛肉麵老饕，每次去我點原味牛肉麵覺得已經非常濃郁夠味，但他得點加麻加辣的重口味麻辣牛肉麵，非得如此不能過癮。到新竹吃牛肉麵去段純貞排隊就對了，雖然湯頭濃得讓我每次都沒法喝完，但對於喜好重口味的顧客，段純貞絕對是首選，而且一再回頭心甘情願地接受其麻辣刺激的摧殘和試煉。

2015　蘇州

蘭州牛肉拉麵

蘭州牛肉麵從清朝嘉慶年間流傳至今已有兩百年的歷史了，它是甘肅省蘭州地區的清真風味小吃，屬於清湯型牛肉麵，它具有一清二白三紅四綠五黃的五大特色，即湯色清澈，蘿蔔白晰，辣油紅豔，香菜翠綠，麵條黃亮。另外其麵條講究手工拉製，從細到寬有各種粗細寬扁可供選擇，牛肉則炖得軟爛後切薄片，可外加放進碗裡和湯麵一起食用。蘭州拉麵也因其美味而聲名大噪，如今蘭州拉麵店已遍布全國，消費者可以在各地享受此一蘭州清真風味美食了。有一回我去蘇州辦事，剛好位於獅山路的一家東方宮清真牛肉麵店當天開幕，有幸當一回開張顧客也是喜事一樁，基於此緣當場點了一碗牛肉麵，清湯鮮美，牛肉軟爛，細麵彈牙，望著左鄰右座在一片嘶嘶響聲之中紛紛碗底朝天，我想美食做為中華文化的重要傳承，雖然只是一種庶民飲食，但能得到百姓由衷的喜愛，便能流傳百年千年，永遠生生不息。

2014　台南學甲

學甲虱目魚粥

雖然廣東粥和潮汕砂鍋粥在市場上赫赫有名，但學甲虱目魚粥卻是我心中永遠的第一名。虱目魚英文叫「MILKFISH」，望字生義，此魚因為肉質鮮美奶香豐腴故得名，相傳明末鄭成功來台灣時，遇見當地漁民養殖，指著此魚說：什麼魚？藉以詢問此魚名稱，因「什麼」是閩南語「虱目」的諧音，因而虱目魚就此相傳至今，虱目魚的養殖以台灣南部海線城市台南、嘉義、雲林為主，其中台南七股、將軍、北門、學甲是最大產地，而加工成虱目魚丸學甲更是遠近馳名暢銷兩岸。利用虱目魚做成的虱目魚粥又是一絕，位於學甲慈濟宮附近的商家，把虱目魚粥做得美味絕倫，湯頭甘甜清冽，魚肉魚丸香醇滋腴，每回去吃除了讚不絕口無法形容。此品彷彿有種魔力，讓外出的鎮民不時魂牽夢繫，非得大啖一碗，才能撫慰歸鄉遊子深沉的思念。虱目魚細刺甚多，父親生前還教導我們如何食用，魚肉入口先用舌尖在口腔前沿檢視，沒有魚刺方往後吞食，如今虱目魚粥皆已發展到無骨之境界了。

2017.1.18 日本北海道

日本壽司

日本最出名的美食應該就是生魚片和壽司了，第一次吃生魚片和壽司的人，大多要克服一下生食的心理障礙，這種對一些現代文明人來說幾近野蠻的吃法，其實恰是人類動物本能的原始獵食方式。我第一次吃壽司是和日本友人一起的，當時我很失禮地表示，這生食的海鮮會不會引起一些疾病問題，日本人表示正規的壽司其食材的選擇處理相當嚴謹，不會有任何問題。後來我才知道，他們對於哪些海鮮種類和哪個部位會有寄生蟲要先避開，然後有一些魚種一定要先急速冷凍先殺死寄生蟲，然後回到冷藏再來料理。吃生魚片一定會附上綠色芥末（山葵），老日只是蘸了一點點，而壽司的米飯上面已事先放了芥末，老日通常不用再蘸，而我們老中除了生魚片蘸很多，壽司也還要再加點，直到辣氣從兩個鼻孔噴出才過癮。我的一個朋友告訴我，說吃生魚片時要把沒蘸到芥末醬油的那一面魚肉貼在舌頭上，否則一下子味蕾就被痲痹了，然後壽司用手拿著整個入口吃掉，最後說這芥末是以新鮮山葵用鯊魚皮磨出來的最好，想不到小小壽司學問不少。 壽司一般價格不菲，迴轉壽司則價格相對平民化，有一次我和日本朋友在東京品川吃，他一個人吃了十七盤才過癮。

2007.1.21 日本東京

燒烤帝王蟹

市面上最大形的蟹稱帝王蟹，有阿拉斯加帝王蟹，北海道帝王蟹（日本也稱鱈場蟹），他們都是屬於石蟹的一種，此種位於寒冷水域的深海生物，因為體型巨大，味道鮮美，已經變成全球老饕追逐的美食，當然它的價格也如帝王一樣的尊貴。帝王蟹只要是吃腳因為肉多，身子部分沒什麼料，拿去煮湯也就算了。蟹腳很多人用水煮或者拿去煮火鍋，但我吃過最經典的吃法是用火烤，用水煮的話容易肉質的甜味流失於湯中，而且吃起來水水的，除非你的重點是喝湯。用火烤前把蟹腳殼削去一部分，先蟹肉面朝上，用火燒烤把蟹肉的汁水濃縮鎖住，再翻面讓蟹肉面上色，這樣燒烤出來的帝王蟹肉質甜美，口感緊實，味道更加濃郁，感覺有如帝王般的享受。我在東京出差時和幾位同事吃過這樣的燒烤帝王蟹，廚師以前是一位職業的日本相撲選手，吃完我對他評價甚佳，我表示這是我吃過的帝王蟹中好吃度最重量級的，就和他的身材一樣，他聽完非常高興，還和我們這幾個尺寸小他一號的食客一起來個合影。

2015　新竹

台灣木瓜

木瓜屬亞熱帶水果，台灣中南部氣候較溫暖種植較多，木瓜富含維生素和天然酵素，李時珍在《本草綱目》中論述：木瓜性溫味酸，平肝和胃，舒筋絡，活筋骨，降血壓。我個人經驗其俱有潤腸通便之效，有便秘問題者食之可解惱人之疾。中國人有以形補形之說，因而民間女子有用青木瓜燉湯藉以豐胸之舉，其實沒有任何根據和功效，只是心裡安慰罷了。倒是我買了木瓜一個，不曾在意它的形狀，等縱向一剖兩半去掉中間的種子，拿了一根鐵勺準備開吃，挖了兩口忽覺此木瓜顏色橙黄如金，形狀神似台灣寶島。何其有幸能吃到這樣可口的木瓜，於是用iPAD拍下此照，我想如果台灣木瓜都長成這個形狀，不管外銷到世界何處，一看便知來自台灣寶島。

2015　北京

北平羊湯館

當所有人擠著去東來順吃涮羊肉時，這家坐落於工體東路上的羊湯館，用的仍是北京的舊名北平，明成祖朱棣當初於北京現址建都時用的地名就是北平，寓為紀念其平定北方的豐功偉業。這家店內那只大銅鍋飄出的羊湯味，百米之外就能聞到，吃羊肉湯配京醬火燒（燒餅）是老北京的基本吃法，還可以點一些涼菜例如涼拌羊肝、心裡美蘿蔔絲、糖蒜等，店內座無虛席，羊肉軟嫩羊湯香濃，百年老店歷久不衰，相信當年要是天子路過，也要聞香下轎大嗑兩碗。

2015　新竹縣竹北

海鮮暖沙拉

位於竹北市文興路的陽光露露是一家義大利餐廳，店內非常寬敞舒適，供應典型的義大利餐點，如沙拉、義大利麵、燉飯、皮薩、牛排、海鮮和甜點。我去過多次幾乎吃遍菜單上的餐點，他們也推出依比利亞豬排，雖說還算好吃，可是和西班牙依比利亞火腿的風味及盛名都無法相比，也因價格不菲導致性價比不高，倒是其中比較特別的一道是地中海海鮮暖沙拉。一般沙拉多為冷盤，暖沙拉故名思義還是有溫度，但不像熱菜那樣熱氣騰騰，先以爽脆的蔬菜如卷葉萵苣和羅曼生菜擺盤墊底，再鋪上熱煎過的海鮮並淋上醬汁，最後撒上切碎的香草，食用前自己可以擠些新鮮檸檬汁上去。此菜出場賣相極佳，味道口感甚好，整體感覺確實有一股地中海溫暖陽光的風味，女兒Sharon在此工作剛好負責沙拉，我吃這道菜腦海裡總會浮出她甜美的笑容，或許這就是這道菜令人倍感溫暖而美味的原因。

2015　新竹

印度咖哩

說起印度料理最有名當屬咖哩和烤餅了。印度素以香料種類繁多聞名，咖哩通常由數種甚至數十種香料組合而成，常用的香料有孜然、芫荽、肉桂、丁香、小豆蔻、薑黃、辣椒、胡椒、月桂、茴香等等，正宗的咖哩製作，這些香料一般要炒過再進行烹調，當然現在市售也有現成的咖哩塊和咖哩粉可用。因為香料的組合不同各種咖哩的味道呈現很大的差異，而風味方面也因喜好和添加食材的不同而呈現多樣化，印度咖哩乃所謂原味咖哩，日式咖哩喜歡加水果如蘋果等口味偏甜，南洋咖哩則充滿椰奶滋味，歐風咖哩則添加了西式香料。不管如何咖哩因味道較重可以去肉類和海鮮的膻腥，但一般很少單獨食用，而烤餅和白米飯就是最佳的搭配。咖哩香氣濃郁形象黏稠，有些人敬而遠之，但咖哩可發熱發汗俱有去體內濕寒及殺菌排毒之效。初次到印度之人常有胃腸不適之苦，吃多了印度國食咖哩也就慢慢適應，可以體會此種美食的奧妙了。

2015　竹北市

義大利墨魚麵

義大利麵現已變成家喻曉的世界美食了。什麼番茄肉醬麵、青醬鮮蝦麵、奶油白醬鮭魚麵等等，巧合的是這三種主要的義式美食的靈魂醬汁卻和義大利國旗的顏色一致。番茄紅色、羅勒（青醬的食材）綠色、奶油白色，不知道當初的義大利國旗設計者是否一邊設計一邊想著美食。不過義大利麵裡還有一種黑嚕嚕的墨魚麵，此種由墨魚的墨囊裡的墨汁做成的義大利麵，很多人看一看就搖頭生畏，尤其是塗口紅的美女，吃完一口大黑嘴甚是狼狽，墨魚為了逃避敵人的攻擊吐出的黑煙障幕，連吃完墨魚麵的紅男綠女也臉上一片漆黑。位於竹北市文義路的一家義式小酒館叫Bristo by Nelson，是一家座位不多的小店，但提供的義大利餐點相當到位，烤麵包、前菜、沙拉、燉飯、義大利麵、甜點皆好吃，我對其墨魚麵評價很好，味道濃郁夠味相當可口。某回和家人點了一份分食，吃完每人滿口黑牙，面面相覷不禁令人莞爾，留下一個難忘的回憶，這或許也是義大利麵獨特的魅力吧。

2018.6.23　蘇州淮海街

鹽烤鯖魚

蘇州市有一條以密集日式料理餐館而聞名的淮海街，也被暱稱為日料一條街，這條街兩邊林立著各種日式料理招牌，有傳統的壽司店，有燒烤店，也有像大阪燒這樣的小吃。而其中一家谷川日式料理，是我和同學SY常去的小餐館，店家價位合理美味可口是其特色，因為客人可以寄存酒水，而且店家服務親切與客人互動熱絡，這裡幾乎變成日籍客戶和SY同學的自家廚房。這裡有傳統的燒烤，炸豬排和蓋澆飯，我特別喜歡店裡的鹽烤鯖魚這道料理。鹽烤鯖魚好吃的關鍵在於食材本身和燒烤的火侯和時間， 新鮮的鯖魚直接燒烤雖然新鮮但不夠入味，鯖魚因為極易腐敗因而常抹鹽醃製保存，但若醃製過久則鹹澀而肉質堅硬，只有醃製時間恰到好處的鯖魚，味道才會剛好。另外鯖魚身形圓厚其油脂最是肥美，瘦扁身形的鯖魚完全無法與之相比，燒烤時間也很重要，燒烤過久肉質乾柴食如糟粕。鹽烤鯖魚的絕配是來一杯加冰塊的威士忌，食用前擠點檸檬在烤魚表面，再配一碗熱騰騰的白米飯，鯖魚的油脂美味融合在米飯的熱氣裡，食後可以來點蘿蔔泥或是一口帶著微甜清冽的金黃酒精，用以洗滌滿嘴的豐腴滋味，讓味蕾得以重新品味食物的初味，難怪號稱此地第一熟客的怪叔叔SY，每次來總是酒足飯飽，不醉不歸。

2014 竹北市

散壽司

位於新竹縣竹北市莊敬南路的元手壽司，是一家高價位的日本壽司專賣店，店內食材新鮮多樣，有各種高檔的海蝦魚貝做成生魚片和握壽司，其中有一種散壽司有別於常見的握壽司或壽司卷，在一個大碗裡盛著米飯上面鋪滿了綜合海鮮生魚片，如鮪魚、鮭魚、旗魚、星鰻、甜蝦、魷魚、干貝，和海菜及各種配料。此種散壽司看上去顏色繽紛令人食慾大開，可以一次同時品嚐各種海鮮美味，又有加了甜醋的壽司飯可以飽腹，點一份再加一碗味增湯或海鮮魚湯基本上可以滿足味蕾和胃腸的雙重需求，可謂畢其功於一役。此種最原始的料理也是一種最直接的美味，可以減少過多調料的干擾，不經煎煮少油少鹽，表面上看起來沒什麼烹飪技巧，不過這卻也是日本料理哲學精髓的所在。

2015 上海

最醜的美味

日本料理店有一道前菜叫鮟康魚肝，以前上壽司店時常點此菜，其白煮後澆上油醋汁配以小黃瓜切片，此海中美味堪比陸上法國鵝肝，但一直不知道此魚長什麼樣子，直到有一次去一家上海超市購物才一睹尊容，機會難得便用手機拍了此照。鮟康魚又稱魔鬼魚、蛤蟆魚、老頭魚等，光聽貶名一堆便知其貌不揚，也果真長得猙獰，青面獠牙。此魚頭大身小，棲息深海底部不善游動，但頭頂有一根肉刺號稱天然釣竿，擺動搖晃吸引小魚靠近即加以捕食。鮟康魚肉質緊實口味鮮美，在日本從江戶時期便是高級料理與河豚齊名，現在也是世界各地高檔的海鮮食材。中國有句成語謂人不可貌相，這句話用在鮟康魚身上最合適不過了，美味食物五花八門，儘管其貌猙獰，但此物號稱世上最醜美味，下次我到日本料理店還是不會錯過。

2015　新竹

牡丹蝦兩吃

牡丹蝦是全球海蝦中的極品，因色澤嫣紅故得名，此蝦盛產於加拿大西部海中的深水區域，在日本料理中以生食為主。說到生吃蝦，中國江浙一帶有醉蝦是一種用黃酒醃泡蝦的吃法，泰國也有加檸檬和辣椒的泰式酸辣生蝦，我雖經常吃生魚片，一般不吃生蝦，但在日本料理店生吃過一次牡丹蝦後便愛不釋手。牡丹蝦上桌時保留頭尾之殼，只露出紅白相間的赤身，自己用手一邊抓尾一邊抓頭，把頭殼分離後放於小盤備用，抓著尾殼蘸點綠芥末和醬油後一口吃掉，肉質鮮甜膏腴濃郁，回味無窮之際手中還拿著一截尾殼不願放掉。放在小盤的蝦頭也是膏腴豐富不可丟掉，店家服務員會來幫你拿去燒烤，十五分鐘過後，一盤香氣襲人的烤蝦頭出現眼前，口感酥脆濃郁更甚刺身，這便是有名的牡丹蝦兩吃。

2016　四川都江堰

成都担担麵

担担麵此種源於四川成都、自貢、重慶等地小販用扁擔挑在街上叫賣的麵食，如今皆已改成店鋪經營，而且到處以川菜美食為主題的餐廳也會供應此麵點，其中以成都担担麵最為有名。 担担麵的特色是麵細無湯，麻辣味鮮，燙好的麵搭配紅油、辣椒碎、花椒、醬油、豬油、麻油、蒜泥、醋、碎肉、花生碎、芝麻、蔥花等配料，上桌時由客人趁熱自行攪拌，是一種非常可口美味的乾拌麵，兼俱麻、辣、香三味。我在四川都江堰旅遊時隨便挑一家小店叫川味銅鍋麵，小店很小看起來很一般，我點了一碗担担麵，一上桌就香氣迷人，自己把麵拌好後一吃竟停不下筷子。一口氣把整碗吃到碗底朝天，好吃到無法言語，良久望著碗底，感嘆雖只是一種當地小吃，卻讓我體驗到川菜美食的巨大魅力，你如果到四川旅遊，此物絕對不能錯過。

2016　四川都江堰

重慶小麵

重慶小麵和四川担担麵的配料差不多，用的麵也是鹼水麵，但担担麵是乾拌麵，而小麵則帶有湯汁。基本的配料也是紅油、辣椒碎、花椒麵、醬油、豬油、麻油、醋、醬油，芝麻、花生碎、小蔥碎、趴豌豆、青菜等，湯一般是用骨頭熬的湯，但和配料一搭湯色紅亮。在都江堰的川味銅鍋麵食用重慶小麵，味道和担担麵類似，比較沒那麼濃郁，但口感上更絲滑順口。由於寒流來襲，冬日早上氣溫接近零度，岷江江水在小店門口的渠道奔流而過，小店此時還沒什麼客人，點一碗小麵吃起來香濃溫暖，感覺都暖到心坎裡了。小麵望名知意，不是什麼大菜，是一種蜀地平民飲食，但小而美且讓人食後難以忘懷，卻是小中見大的一種獨特魅力。

2016　四川都江堰

烤羊肉串

說起烤羊肉串那絕對是新疆人的強項，烤羊肉串現在已經流行到全中國各地，各省都有新疆小販在街邊烤羊肉串。雖然烤羊肉串會產生煙霧造成空氣污染，而且有些小攤衛生條件堪慮，但連我也不得不承認烤羊肉串確實是一項經典美食。冬日的四川都江堰氣溫接近零度，小販把事先殺好的整隻羊吊掛在小攤邊上，生羊肉切小塊串在竹籤上，先浸泡過以孜然和胡椒為主的香料醬，再放上炭火上燒烤，其間要不時翻面以免烤焦，欲食辣者，在快烤熟之際小販會在肉串撒上辣椒粉。我一般不吃路邊的烤羊肉串，尤其夏季天氣炎熱，但寒冬可以保鮮，小販燒烤技術嫻熟，我買了羊肉串駐足街邊吃了起來，香濃好吃之際，竟忘了寒流冷鋒一直不斷從身邊呼嘯而過。

2016　四川青城山

青城山老臘肉

今年的冬天極冷，全球下雪超越往年，就連台灣幾乎不下雪的小島也到處積雪，此時剛好到四川青城山一遊。青城山是中國有名的道教勝地，也是四川出名的旅遊景點，四川的經典旅遊廣告便是：「拜水都江堰，問道青城山」，此處重巒疊嶂，古樹參天，山勢起伏，視野遼闊，人在其中如置身天然畫廊，很多道教名人和知名畫家都曾寓居於此。一路上山，山路崎嶇，到處積雪，連道觀屋檐都垂著冰柱，爬到山頂時已是飢腸轆轆，山頂小販有賣臘肉與臘腸，各買了一份食用，口味相當正宗，十足川味的那種麻辣和煙熏香，不會太鹹相當好吃，每到冬季四川家家做臘肉，四川臘肉做法基本有五種，其中以青城山老臘肉最為有名。去青城山一遊，不但可以享受新鮮空氣，鍛鍊體魄，更有老臘肉，老臘腸可以解爬山勞累之苦， 真是不虛此行。

2015　上海

老陝油潑扯麵

一提到陝西，映象裡馬上閃出麵食和兵馬俑。到了陝西不吃麵食那等於去錯地方了，陝西麵食種類特多，羊肉泡饃是把一種厚實的烤餅叫白吉饃的，用手掰成小塊放在碗裡再淋上熱騰香濃的羊肉湯，Biang Biang麵是一種像皮帶寬的麵條放在清湯裡再澆上炒料，此麵的特色是一大碗只有一根很長的麵條，師傅在製作麵條時將其拉扯並往檯面狠狠地摔出Biang Biang的聲音。而我特鍾愛老陝油潑扯麵或稱油潑辣子麵，此麵麵條寬扁和Biang Biang麵一樣，澆上老陝油潑辣子和少許老陳醋，拌勻後整碗紅通發亮，吃進嘴裡口感香滑帶勁，此麵屬於乾拌麵若再配上一碗香濃的老陝羊肉湯，那真是絕配。雖說吃完辣椒爾後也會經歷一個痛苦時段，但每次只要一進老陝麵食館，總是禁不起誘惑，一再地陷入這個滋味的迷戀而無法自拔。

2015　蘇州

蘇州藏書羊肉

位於江蘇蘇州城西的木瀆鎮藏書辦事處（原藏書鎮），因紀念西漢名臣朱買臣而得名。此地位於太湖東岸，丘陵綿延適合農家養羊，因而從清朝開始即有羊肉販售生意，經多年發展，蘇州的藏書羊肉已變成一個著名的品牌，其特色有白燒羊肉湯、紅燒羊肉凍（水晶羊肉）、炒羊肚、紅燒羊蹄等。我去蘇州時喜歡點一大盆白燒羊肉湯，白湯滷好的羊肉可以稱重後切片，再和大白菜、粉絲、羊高湯同煮，羊肉鮮嫩不膩，湯汁乳白香濃。但要再過癮一定得來一份羊肉凍，羊肉滷得軟爛後結凍，切片後像水晶一樣經營剔透且入口綿密，一大盤羊肉凍配一大盆白燒羊肉湯，在一個寒冷的冬夜，街上細雨綿綿，藏書羊肉店裡卻客盈滿座，對於喜食羊肉的我來說，除了對江南風情的嚮往，似乎又誤打誤撞找對了好地方。

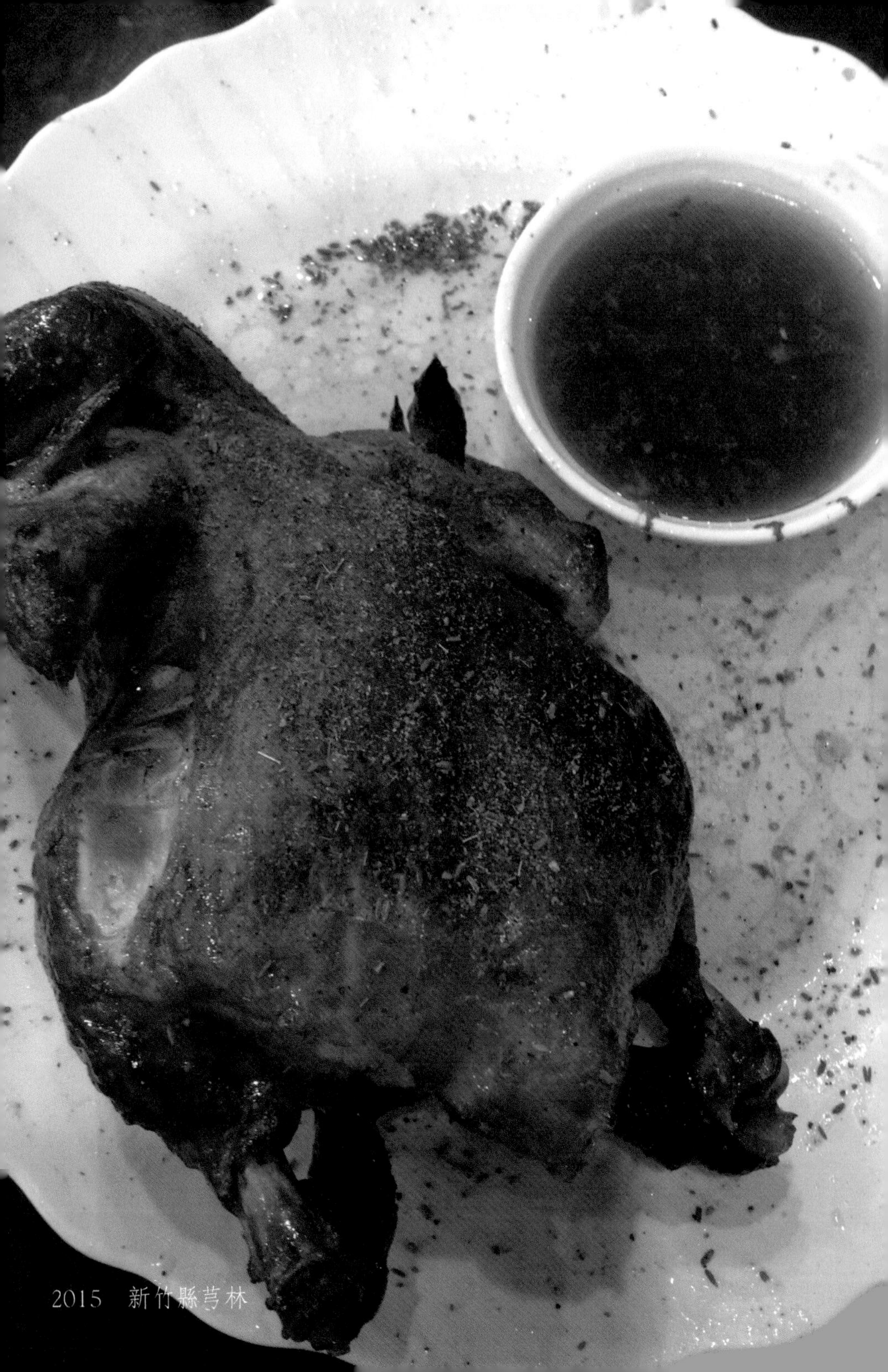

2015　新竹縣芎林

窯烤甕仔雞

也不知什麼時候台灣全省各地，在通往山區旅遊的路邊餐廳，常常會出現甕仔雞，甕窯雞或窯烤雞這樣的招牌。甕仔雞即是把整雞放在一個甕裡燒烤的一道料理，但放在何種甕裡或窯裡燒烤便是一個很大的學問。現在各地使用的甕窯差異很大，燒烤出來的風味也完全不同，有人使用土甕或磚甕，更有人使用鐵桶，但是都號稱甕仔雞。我在北台灣往坪林的山路邊吃過甕仔雞，也在中台灣往阿里山溪頭的山路上吃過，但感覺比較正宗的是，在新竹縣芎林往飛鳳山的省道旁的一家店，名叫阿東窯烤雞。此雞是選用真正土雞，肉質緊實，甕是把一個不銹鋼桶嵌入磚土覆蓋的烤窯中，土雞全身內外塗上香料和鹽巴醃製後放桶中，下面用龍眼木加以燒烤，烤雞吊在一個圓盤支架，下方有一盛盤可以盛接烤雞身上烤出的汁液。有一次我和五弟爬完飛鳳山後，在此餐廳點了一隻，出場後香氣四溢，用手扒開來熱氣蒸騰，還附上烤雞原汁，雞肉原香交融著香料燒烤，層次豐富，讚不絕口，於是用手機拍下當成美食呈堂證物。

2012　竹北市

一個人的牛排

正值青春期的年輕學生，處於需要大量營養的發育期，喜歡肉食的沒有什麼比牛排更令年輕人青睞的了。學生的牛排餐不要求太高檔，但要好吃且吃得飽，同時價格不能太貴讓人無法負擔。位於竹北市莊敬南路的哈特厚切牛排剛好滿足以上要求，牛排套餐有飲料、沙拉、前菜、濃湯、牛排主菜、飯後甜點，整套下來絕對可以滿足年輕學生飢腸轆轆的五臟廟，牛排因為厚切滑嫩可口，重點是價格合理學生可以負擔。兒子Jeff 從國中到高中食慾大增，喜食肉類，牛排是他的最愛，吃過數不清的牛排餐館，高低中檔皆有，我和他有一次在哈特吃牛排，他也知道不同牛排之間價格差異很大，他點了一份自認價格合理的牛排，牛排出場後端至他前面，他看了一下臉上露出滿意的笑容，有什麼比一個人的牛排更令人享受的呢！我手機按下快門解讀了此刻一個年輕學子的心情。

2015　上[illegible]南翔古漪園

南翔小籠包

說起流行於南京、常州、鎮江、無錫、蘇州、上海一帶的江南美食小籠包，要數位於上海市嘉定區南翔鎮的小籠包最為有名，你若有機會到南翔一遊，會發現鎮上到處都是小籠包店。位於南翔鎮古漪園入口旁的古漪園小籠包店又是其中佼佼者，古漪園是一座始建於明嘉靖年間的中國古典園林，期間幽篁翠荷，曲徑流水，鳥語花香，至今遊客絡繹不絕。遊古漪園不能漏掉小籠包，古漪園的小籠包主要以鮮肉小籠和蟹粉小籠為主，小籠包皮薄餡豐，形似白塔呈半透明狀，吃的時候先在上咬一個小洞，吸吮其甜湯汁，再連皮帶餡品嚐其鮮美肉味，不可一下大口食用，很容易被湯汁燙到舌頭。吃小籠包一般配清湯像雪菜筍絲湯等，在古漪園吃小籠包還可以到室外庭院的桌上用餐，在參天大樹下就著陽光、樹影、微風，透過粉牆的窗口，口中小籠包的滋味彷彿延伸到古漪園內的草地、樹林、河流和花徑。

2009＼北京

酸菜白肉鍋

酸菜白肉鍋是屬於東北地方的一道家常名菜，是切薄片的五花肉和白菜醃漬成的酸菜一起炖煮的一道帶湯的菜餚，通常也會加粉條一起炖煮，而以火鍋的方式上菜。此菜雖然簡單但也堪稱經典，五花肉好吃但吃多了會有油膩感，醃漬白菜絲的酸味剛好巧妙中和了五花肉的油膩感，吃五花肉和酸白菜粉絲再喝口湯，感覺配合得天衣無縫，這和著名的德國豬腳配酸菜有異曲同工之妙。此物在北國冬天尤其令人倍感親切，記得2009年冬天，北京創下六十年來最大風雪，交通一度受阻停止上班上學，有一晚要到朝陽南小街的小店吃飯，街上寒風刺骨，冷得嘴裡兩排牙齒上下打架。小店是北京家常菜，也有酸菜白肉鍋，要了二鍋頭、小炒黃牛肉、炸小黃魚，喝著喝著竟把一鍋酸菜白肉給吃得精光。那個令人無法忘懷的寒夜，風雪咆哮，冰凍四野，與其說是那瓶二鍋頭溫暖了我的心，不如說是那鍋酸菜白肉救了我的人。

2016　上海老弄堂

上海紅燒肉

說起紅燒肉全國各地皆有，而上海紅燒肉以濃油赤醬著稱，是一道上海地區的家常名菜，上海人幾乎沒有人不會這道料理。 五花肉用滾水煮熟後撈出切成塊，熱鍋放油加冰糖炒至焦黃，關火入五花肉裹上糖衣上色，加水開大火煮沸後加入老薑、八角、桂皮、花椒、乾辣椒、小蔥、醬油、黃酒，改用小火慢炖一個半小時，起鍋前用大火收汁即可。在上海徐家匯老弄堂餐館點上海紅燒肉，是伴著鵪鶉蛋一起上桌，口味香濃，豐腴偏甜，吃紅燒肉最好配白飯或來瓶上海當地石庫門黃酒，黃酒微酸可以中和紅燒肉的甜度，並一解口中肥肉的油膩感。很多外地人不太適應偏甜的上海紅燒肉，其實人的飲食配合當地風土，吃當地菜飲當地酒是一種最佳的搭配，因為紅燒肉是用當地黃酒燒製，這和西方喝葡萄酒配當地葡萄酒燒製的菜餚一樣，看起來中外料理的飲食哲學基本原理是相通的。

2016　上海老弄堂

上海生煎包

吃過許多地方的生煎包，要數上海生煎包最為好吃且外形最為講究，上海生煎包外形飽滿圓潤，最上頭撒有黑芝麻和蔥花，表皮白皙鬆軟但底板金黃酥脆，內餡鮮嫩多汁，一般是豬肉加肉皮凍做成。生煎包是上海餐廳的主食之一，在午餐和晚餐時刻都可以點來食用，不像其他地區，生煎包只做為早餐的小點，而且造型和內餡都不是特別講究。上海徐匯區的老弄堂餐廳是典型的上海本幫菜，那兒的生煎包就很正點，生煎包上桌最好趁熱吃，綿密的外皮一咬開，內餡味香肉細，鮮甜汁多，不管大人或小孩都喜歡，是一道人氣很旺的上海美食。

2015　北京

驢打滾

驢打滾，光聽這個名字就令人覺得很好奇，此物其實是北京傳統的糕點之一，你乍看之後方覺命名此物的人是個天才。這糕點是由黃米（黍米）或糯米蒸熟製成的，撒上炒熟的黃豆粉，再鋪上紅豆泥做成的甜餡，最後捲滾起來成圓柱狀，其形象宛如北京郊外的野驢在地上撒潑打滾，揚起黃沙塵土覆蓋身上的模樣。 我在北京的一些餐廳吃過驢打滾，但感覺驢打滾得不過好，有的太硬有的餡料不佳，直到有一次去雍和宮旁邊的國子監參訪，路邊小販推著一台小車叫賣驢打滾，我好奇往前一瞧，驢打滾比一般餐館的個頭要大，而且整卷沒有切開，依客人論斤購買再切，小販製作不像餐館那麼工整，因此形象上更像驢打滾。我買了一些當街邊走邊吃了起來，忽然驚覺這才是正宗的北京驢打滾，豆粉香濃，米皮軟黏帶勁，紅豆餡鬆軟有顆粒感，原來高人在野，驢還是在郊外打滾得愉快一些，看來有些文化傳承必須禮失而求諸野了。

2015　北京

火燒

入地問俗，「火燒」這玩意兒對北京不熟的人可能一下子搞不清楚是什麼情況，其實火燒就是一種燒餅，在北京指的就是麻醬火燒，是北京傳統的小吃之一。這是一種用麵粉、發酵粉、芝麻醬、胡椒粉、鹽，烤製而成的燒餅，餅上還有白芝麻。火燒一般指的就是帶著香濃麻醬味道的鹹口味燒餅，光吃此種燒餅因為太乾會噎人，最好的搭配是來碗羊肉湯或牛雜湯。我每次一個人到北京出差，最喜歡跑到工體東路上的一家北平羊湯館，叫兩個火燒，一大碗羊肉湯，再一兩個涼菜，大口火燒大口羊湯，真是過癮極了。還有一種糖火燒，是用麵粉、紅糖和芝麻醬做成的，是帶著香濃麻醬味的甜點，也是北京傳統的小吃，聽說歌手劉若英很喜歡吃。火燒這個名字帶有很濃的北京歷史印記，讓人想起火燒圓明園的滄桑，也令人回味起口齒留香的京醬味，下次到北京我還要來幾個火燒。

2015　北京

涮羊肉

涮羊肉，這道傳說源於元朝忽必烈行軍打仗時，用鋼盔燒水煮肉片的克難速食，如今已變成北京出名的美食，和烤鴨一樣皆是旅遊北京的必吃之物。涮羊肉此種火鍋有一個高高的煙筒，底座的炭火可以由此排煙，最上面有兩片可以閉合的頂蓋，藉由開洞的大小以調節火力，是一種簡單又很智慧的設計。和其他火鍋最大的不同是涮羊肉不用高湯是用清水，頂多加一點蔥片、枸杞、紅棗，增加一點顏色罷了。涮羊肉的精髓在於羊肉片的品質和蘸醬，蘸醬中芝麻醬居於主導地位，其餘豆腐乳、辣油、韭菜醬等皆是配角。北京東來順涮羊肉之所以有名，據說其羊肉不膻的祕訣在於使用閹割後一年至一年半左右的草原羔羊，宰殺後吊在冷藏室讓其充份放血，切好的羊肉片薄如紙。涮好的羊肉蘸芝麻醬食用真是滋味香濃，不過想要畫上完美的句點，最好在吃完涮羊肉後，再來幾瓣醃漬過的糖蒜那才過癮。

2010　西安

羊肉泡饃

西安這座歷史古城，論起吃並沒什麼大菜，倒是小吃麵點美味極了，其中到西安必吃便屬羊肉泡饃。羊肉泡饃，傳說五代末期落魄的趙匡胤流落西安，身上只有一塊乾饃難以下嚥，便向商家要了一碗羊肉湯，把饃掰碎泡入羊肉湯食用，後來他當皇帝重回西安要商家如法炮製，吃後讚不絕口，因而羊肉泡饃聲名大噪，如今已是陝西西安美食的一張名片。羊肉泡饃就是一張不用酵母發酵，厚實帶勁的白色烤饃，掰碎了放入碗裡，再淋上熱騰香濃的羊肉湯。西安羊肉泡饃以老孫家和同盛祥最為有名，兩家歷史悠久而且都號稱天下第一碗。羊肉湯用花椒、桂皮、八角等各種香料熬煮得羊肉軟爛，湯汁香濃，商家把白饃讓客人掰成碎塊，掰成碎塊時最好小塊一點，這樣回頭澆上羊肉粉絲湯時，饃塊才能充份吸入羊肉湯汁，吃起來滑潤可口，齒頰留香。西安麵食赫赫有名，而羊肉泡饃此種獨特吃法，如今已是盛名遠播，若說沒吃過羊肉泡饃的，都不算到過西安也不為過。

2016　四川

新疆烤饢

新疆烤饢是維吾兒族日常生活的主食，口味眾多，有加羊油的油饢，有加肉丁的肉饢，也有加芝麻的芝麻饢等等。烤饢的製作是把麵粉、酵母和鹽做成的生麵胚，貼在一個已經被燒得很熱的饢坑的坑壁上，因為溫度很高大約十分鐘就可以出爐了。烤饢因為很乾，一般搭配蘸醬、豆泥或肉湯食用，或者來杯新疆葡萄酒也行。烤饢在古代稱為胡餅，已有一千多年的歷史，唐朝盛世，長安已是一個國際交流的大都會，唐朝著名詩人白居易，還曾寄胡餅給他的朋友楊萬州。昔日的胡餅如今不用寄了，現在只要在各地的新疆餐廳或是街頭新疆小販一定可以吃到烤饢，在新疆餐廳吃烤饢和羊排配葡萄酒，再有一段迴旋舞熱力激盪，那彷彿又夢回大唐了。

2015　新竹

柚子的往事

有什麼水果成熟後從樹上摘採下來，可以放在常溫下達三個月，而且味道更甜美多汁呢？答案是柚子。柚子小型的叫文旦，大型的叫白柚，也有一種是紅肉的柚子，台灣的柚子以台南市麻豆最為有名，母親的娘家即我的外婆是麻豆人，我的阿姨也住麻豆，小時候常有阿姨送的柚子可吃，父親生前就教我們柚子一定要記得放，記得他總是把柚子放在床下，常常會散發一股柚子的香味。剛採摘的新鮮柚子果肉較為生硬，柚子果肉每瓣有一層膜，中間有一層很厚的白囊，外皮又有蠟，堪稱有三層保護，可以久放不壞。經過常溫存放的柚子果皮會逐漸失水萎縮，但裡面果肉中的果酸和葡萄糖會開始熟成，因而放了兩三個月的柚子不但不會壞掉，果肉反而變得更柔軟圓潤且甜美多汁，上好的柚子此時吃起來入口即化，甘甜如蜜。現在買柚子回來都會習慣性放一放，想起父親，想起母親，想起麻豆文旦和柚子的往事。

2016　上海

龍井蝦仁

龍井蝦仁是一道杭州名菜，以龍井茶湯和鮮活河蝦烹製而成，蝦仁清亮如玉並帶有龍井的清香，又有取名水晶蝦仁。此菜最好採鮮活河蝦，取其蝦仁經過清水反覆清洗，再裹以蛋清和生粉，如此方可炒出白晰如玉的蝦仁，當然火侯不可太過，其口感才能鮮嫩滑脆。龍井茶湯則不能久泡，以免口感苦澀失其清香，在清炒蝦仁加入少許黃酒和海鹽調味後，倒入事先泡好的茶湯煮開拌勻即可上桌。食用時若直接入口則清香微甜，標準吃法是先沾點鎮江醋再細細品嚐，則瞬間提味，蝦仁滑嫩爽脆更加甘甜，而且味道更加豐富。海蝦一般較大肉質較粗，而且色澤偏紅，很難做出此種菜色，江南溪河交錯，湖泊棋立，盛產蝦蟹，西湖龍井又是綠茶名門，因而造就此一江南名菜。

2015 武漢

乾煎白水魚

白水魚，全身銀白發亮，身形修長苗條，是江南魚中的白富美，也堪稱是淡水魚裡的模特兒。白水魚一般身形高大，烹製此魚必須準備一個長形的大盤來盛裝，即便清蒸，通常家用蒸鍋不夠大，要把魚切成兩段才能烹製。我在湖北武漢吃過乾煎白水魚，一整條出場一個很大的長形盤裝著，湖北風味是把白水魚從魚肚縱向剖開，魚身攤平用鹽醃製，讓魚水份稍微收乾並讓鹽入味，用油兩面乾煎後，再熱油滾過的乾辣椒、花椒、大蒜、小蔥等香料進行後製。此菜出場相當大氣，魚肉鹹香滋味鮮美，不過白水魚刺多，食用時要特別小心，因為魚肉很香但偏鹹，最好來瓶白酒中和一下，我的首選就是湖北名酒白雲邊。遙想當年李白乘船夜遊洞庭湖，寫下著名的詩句：「南湖秋水夜無煙，耐可直流乘上天。且就洞庭賒月色，將船買酒白雲邊。」在湖北，吃白水魚，喝白雲邊，想起李白，不經意地多喝一杯，敬一下我的千年莫逆之交。

2016 四川成都

老媽兔頭

世界各地都有一些稀奇古怪食物，老媽兔頭這個源於成都雙流的美食，在外地人眼裡算是有些駭人聽聞的，但對成都人而言，卻是相當受歡迎的美食，對他們而言，啃兔頭和啃鴨頭沒什麼兩樣。兔子這種可愛動物，是很多小朋友曾經養過的寵物，如今在成都街頭到處都有老媽兔頭販售，兔身被成排吊在商店的天花板上，兔頭則成堆的疊在盤上，每個都還露著牙齒，成都人早已見怪不怪，外地來的小朋友看了覺得有些驚悚。不管如何，這個用桂皮、乾辣椒、小茴香、花椒、山奈、草果、生薑等各種香料滷煮出來的特有食品，如今已是名列成都著名小吃的行列。老饕行家吃此物，把臉頰和腦花甚至舌頭和眼珠全部下肚，一個兔頭啃得只剩牙齒和少許頭蓋骨，真是令人瞠目結舌，歎為觀止。四川美食眾多，如果你遊成都，不妨挑戰一下自己的味蕾，又多了另外一種美食經驗與記錄。

2016　安徽三河古鎮

古鎮鍋巴河蝦

位於安徽省合肥市肥西縣的三河古鎮，因豐樂河、杭埠河和小南河三條河流貫期間而得名，古鎮地處巢湖之西，距今已有2500年歷史，諾貝爾物理學獎得主楊振寧博士和抗日名將孫立人將軍皆出於此，至今還保留了晚清時代傳統的徽派古建築和街道。來古鎮可以乘船遊河並漫步古街吃飯和購物，這裡保留了傳統的徽式土菜，我找了一個商家點了一份當地名菜鍋巴河蝦，鍋巴從鍋底事先製好後倒扣於一個大盤上，看上去像一頂金黃色的頭盔，河裡的新鮮小白蝦去頭後和香菇碎、芹菜碎、洋蔥碎、紅椒碎加醬油和米酒燴成醬料，淋於頭盔鍋巴之上。鍋巴香脆而小白蝦柔嫩鮮美，連殼皆可一併下肚，再配上三河古鎮米酒，這頓午餐吃得我微醺得意，雖然我也吃過其他地方的鍋巴蝦仁，但完全無法和此古鎮的鍋巴河蝦相提並論，聽說名作家張愛玲最喜歡的一道菜便是鍋巴蝦仁，不知道她是否嚐過三河古鎮的鍋巴河蝦。

2014　新竹

鮮蝦義大利麵

義大利麵早已是世界美食的一張名片了，義大利麵之所以好吃，關鍵在於義大利杜蘭小麥做成的麵和品質好的初榨橄欖油。杜蘭小麥做成的麵條因為粗細和形狀種類眾多，水煮時必須依照廠商提供的烹煮時間才不會失敗，不過因為考慮煮過的麵條還要後續拌炒，水煮時間可以酌情縮短一兩分鐘，才不至於讓麵過熟失去彈牙的口感。煮義大利麵，大深鍋加水七分滿，開大火水滾時加一小撮海鹽，麵煮到預定時間要立即撈出，若不馬上拌炒，必須入冷水冷卻後濾乾，才不會過熟。位於新竹民族路的Friendy義大利餐廳，其義大利麵做得極好，鮮蝦用初榨橄欖油和蒜碎煎炒得極香嫩再灑些白葡萄酒，麵煮得剛好再快速和鮮蝦拌炒，最後灑上乾燥荷蘭芹碎，雖然食材簡單樸素，但好吃得令人停不下來，這就是義大利麵的精髓所在。

2014　蘭嶼

蘭嶼炸飛魚

蘭嶼這個位於台灣東部外海的島嶼，昔日島上到處開滿了蘭花，故名蘭嶼，島上的原住民達悟族人的主食以芋頭和漁獲為主。所有漁獲中以飛魚最為重要，每年的四到六月飛魚迴游北上，達悟族人都會舉行盛大的飛魚祭，然後由族人男丁入海捕捉飛魚，女人不能上船參加捕魚行列，這是祖先的傳統禁忌，女人等在海邊，把男人捕捉回來的飛魚宰殺後曬成魚乾。蘭嶼島上有用飛魚乾烹製的飛魚炒飯，如果剛好遇到飛魚捕捉的季節，可以吃到新鮮炸飛魚，有一年夏天和兒子一起去蘭嶼旅遊，兩人穿著短褲、戴著墨鏡、穿著拖鞋，租了一輛摩托車，環島到處穿梭。剛好遇到商家還有新鮮炸飛魚，要了一條，飛魚肉質不是很細有點嚼勁但相當鮮美，飛魚也不是浪得虛名，其行動相當敏捷，在中水迴游時會張開側鰭跳躍於海面，狀似空中飛魚故得名。蘭嶼、飛魚，藍色的太平洋波濤，那是一個令人無法忘懷的夏日饗宴。

2016　安徽合肥耿福興酒樓

耿福興蝦籽麵

從安徽省蕪湖市崛起的耿福興酒樓始建於清光緒年間，如今這家百年老店已是安徽省聞名遐邇的中華老字號，其中小籠湯包、蝦籽麵、酥燒餅等都是該店特色點心，《舌尖上的中國》節目還曾前去拍攝蝦籽麵此一名點。我第一次去安徽省合肥市，剛好住宿於淮河路步行街附近，清朝名臣李鴻章的故居就坐落於步行街上，我前去參觀李鴻章故居後閒逛街上，步行街邊轉角剛好此處有一耿福興酒樓分店。入店後我點了其名點蝦籽麵和幾道小菜，順便開了一瓶安徽宣城的小窖釀造宣酒，蝦籽麵的麵條是含鹼的細麵，湯是熬製的高湯相當鮮美，而最上頭撒的是一撮蝦籽，這是捕獲產卵期的湖蝦或河蝦，取其蝦籽加以炒製而成的特殊調料，其味濃郁但產量有限，和湯麵混合明顯提鮮。用餐完畢，我詢問此一特別調料蝦籽有無外賣，店家回答只由該店師傅特製並無外賣，倒是店家經理見我欣賞喜歡，便用小袋裝了一些贈送於我，這是我初到安徽最感溫暖的一個難忘夜晚。

2016　安徽合肥耿福興酒樓

砂鍋魚頭湯

到安徽合肥的第二天，我想到著名景點包公祠一遊，此景點是以宋密樞副使包拯為主題的景區，裡面有湖泊並保存著包公的墓園。出發前已屆中午，因為前一天晚上到淮河路步行街耿福興用餐甚感愉快，當日中餐便又去耿福興吃飯，我點了一道砂鍋魚頭湯。菜品出場用的是一個黑色的大陶鍋，裡面是一鍋乳白的湯汁，上面撒滿了翠綠的香菜，此外看不到其他食材，我還以為魚頭湯真的只是一鍋魚湯，沒想用湯勺一撈，裡面有個巨大的鰱魚頭，魚頭肉多細嫩，魚唇、眼窩、腮幫子尤其好吃，仔細一撈，裡面還有河蝦和大閘蟹。魚頭湯重點當然是湯，此湯乳白濃郁而味道鮮美無比，因為融合魚、蝦、蟹三者之鮮，湯頭層次更加豐富，雖然已經灌了數碗，肚皮都已鼓起，但還是一喝再喝，這是我對廚師的讚美的最好表達。我吃過很多魚湯，但此種三鮮魚頭湯味香俱全，而且一喝就停不下來，我想這是我一輩子不可能忘記的一種美食經驗。

2015.5　土耳其

土耳其紅茶

土耳其對我是個陌生的國度，直到和小學同學Anthony周一起到土耳其拍照旅遊，才發覺這是一個文化歷史相當豐富的國家。 土耳其畜牧業發達，因屬於伊斯蘭教國家，肉類以牛羊肉為主，當地人喜歡喝茶，喝的是一種顏色相當豔紅通透的紅茶，用一種鬱金香形狀的玻璃杯盛裝，喝的時候當地人喜歡加糖，此種紅茶任何休息站或用餐地點都有提供，通常一杯一塊里拉（土耳其貨幣）。初到土耳其覺得此種喝茶倒也新鮮，因此每到一處都會點 一杯來喝，更何況攝影團領隊劉泰雄教官的行程相當緊湊也相當累人，趁空檔來一杯土耳其紅茶絕對是必要的，它釋放了酸痛的雙腿也拯救了疲憊的靈魂。 在一個公路休息站，我和Anthony周各點了一杯紅茶，同學專注拍紅茶的畫面，我用iPAD拍下當時的情景，留下一個難忘的回憶。

2015.5　土耳其

陽光早餐

土耳其是個農業大國，堅果、水果和乳製品相當豐富，新鮮的水果好吃而各種水果製成的果乾如杏子乾、無花果乾和椰棗乾等也相當美味。土耳其的糕點甜而好吃，奶酪、堅果和蜂蜜是常出現的食材，雖說糕點很甜但往往擋不住美味誘惑，不知不覺又一一下肚。有一天和劉泰雄攝影團下榻在卡帕多其亞一間小旅館，早餐是自助餐有蔬菜沙拉、水果、各式堅果、乾果和甜點，依個人喜愛我取了一盤早餐和果汁。室外天氣晴朗，旅館不大但小而美，難得是有一些戶外的餐桌，我把早餐端到室外餐桌，早晨的陽光穿過空地上一排無花果樹，照耀在桌面以及我的早餐上。頓時我覺得灑滿陽光的早餐如此動人，吃著吃著全身充滿能量，我拿出iPAD記錄下此一幸福無比的時刻。不管到何處，能夠讓你擁有幸福感覺的地方，一定就是最美好的地方，我愛土耳其的一個小旅館和一份灑滿陽光的早餐。

2016　安徽省當塗縣

太白紅燒肉

大唐詩人李白晚年生活困頓身體有恙，前去投靠其族叔當塗縣令李陽冰，臨終前把自己積存多年的詩稿託付李陽冰，請他編集並寫序，李白死後被葬於當塗。今安徽省當塗縣仍保留了李白墓，以及眾多以李白為名相關的事物，有盛世李白酒還有太白紅燒肉。說起紅燒肉同樣是大詩人的蘇東坡其東坡肉就名滿天下，但當塗縣做為詩人李白的騎鯨仙逝之地，紅燒肉自然也冠以詩人之名。當年初春我前去悼謁李白之墓，住宿當地酒店，在酒店用餐時點了一份太白紅燒肉外加一瓶當地黃酒馬頭牆，紅燒肉製作時因加了當地生產的李白酒故名之。太白紅燒肉頗具酒香，和用黃酒燒製的東坡肉或上海紅燒肉不同，東坡肉一般顏色較深，而上海紅燒肉則偏甜，太白紅燒肉則顏色和甜度都適中，肥而不膩相當好吃。詩人生前即已名滿天下，詩人死後遺留下來的不但有詩集，還有以詩人為名的美酒和美食，可見李白至今仍為現代社會繼續做出偉大的貢獻。

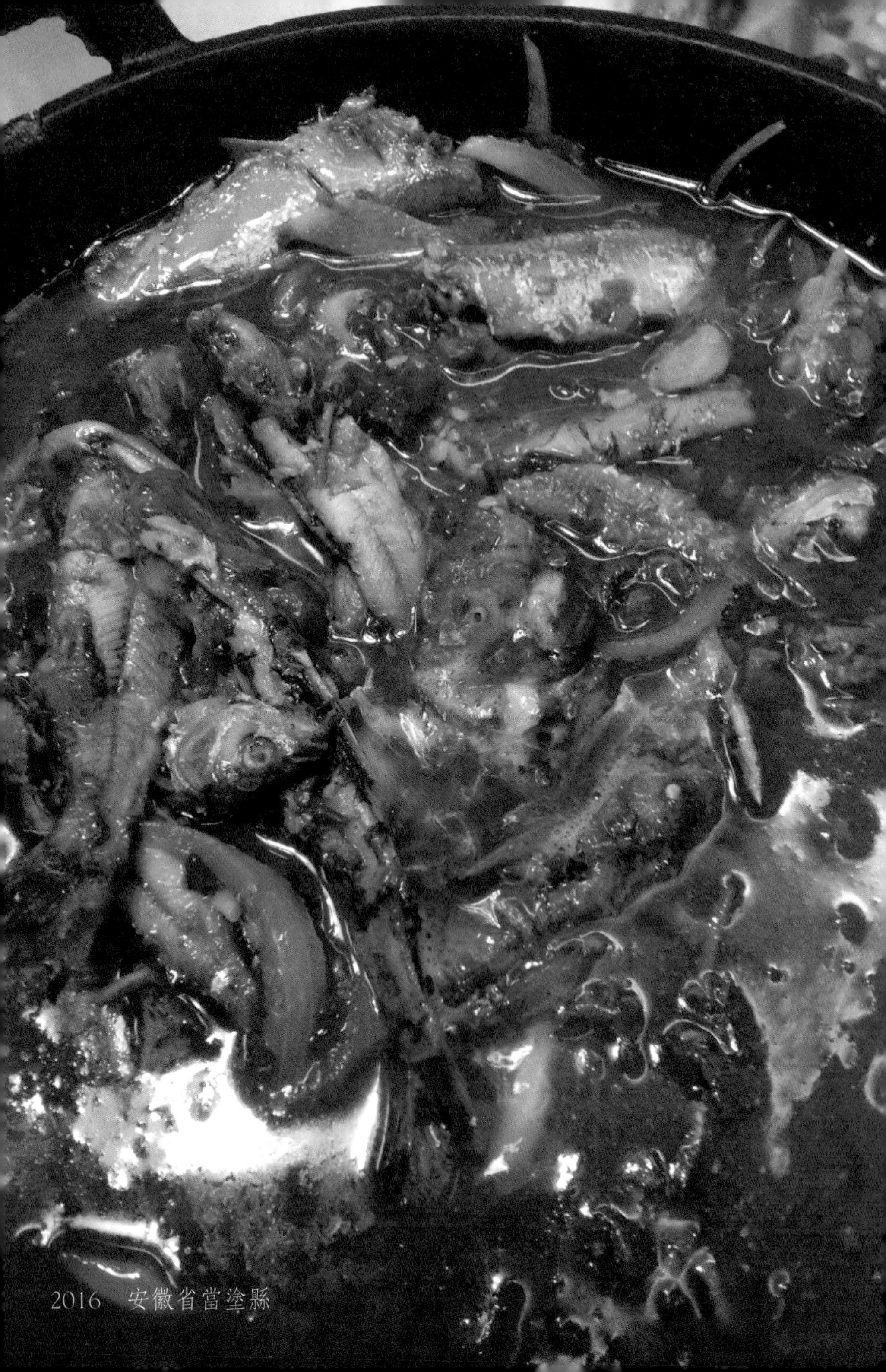

2016　安徽省當塗縣

長江雜魚鍋

位於安徽省馬鞍山市的採石磯是長江邊上的著名景點，在歷史上這裡發生了許多膾炙人口的事件。文的來說要數唐朝詩人李白在此水中撈月，然後騎鯨升天的故事最為浪漫，李白確實病死於當塗，之前來附近採石磯遊歷也是自然之事，儘管酒後撈月於長江不復考證，但後人都寧願接受此一死法，最符合浪漫詩人的歸去。武的最出名的是南宋名臣虞允文在此抗擊金人渡江，虞允文憑藉地形險要，將士用命終於以寡擊眾，打敗了金國統帥完顏亮的南下大軍。我在遊歷採石磯之前先去造訪了附近的李白墓，後住宿當塗縣當地的長江國際大酒店，晚餐時點了一份長江雜魚鍋，因地處長江附近，一個黑色大鐵鍋內各種長江小魚滿滿皆是，湯汁是帶著辣味的鮮豔紅色，小魚非常鮮嫩可口。我像虞允文當年抗擊長江金兵一樣，不一會功夫便將鍋內眾多小魚消滅殆盡，吃著長江雜魚鍋回憶起長江邊上多年往事，也算是對歷史一種遙遠的憑弔。

2016　北京一碗居

老北京炸醬麵

到過北京的遊客可能都不會忽略烤鴨和涮羊肉，但對我而言北京炸醬麵更是在北京遊歷不能錯過的庶民美食。北京炸醬麵的靈魂當然是炸醬，炸醬是由黃豆製成的乾醬和甜麵醬混合再和五花肉丁炒製熬煮成的一種醬料，此種醬料鹹香味濃。至於配菜北京叫它菜碼一般有六樣，小黃瓜絲、豆芽，毛豆、芹菜、青蒜、心裡美蘿蔔，其中豆芽、毛豆、芹菜是事先燙熟的，而麵條是採用手擀麵燙熟後撈出放於碗底，鋪上菜碼最後淋上炸醬。炸醬麵一上場顏色搭配甚是好看，把炸醬拌勻後食用，麵條韌實富有彈性可謂柔中帶勁，炸醬鹹香味濃菜碼清甜爽口，真是配合得完美極致，難怪炸醬麵令北京庶民百吃不厭。由於這是一款乾拌麵，夏天來瓶啤酒也不錯，冬天我喜歡配點羊肉清湯，如果一個人在北京吃烤鴨或涮羊肉可能會稍嫌寂寥，那麼跑去吃一大碗老北京炸醬麵，保證讓你自由自在大呼過癮。

2016　北京工體南路一碗居

炸醬麵的後台

在北京吃老北京炸醬麵，海碗居、大碗居、一碗居等都是很有名的。炸醬麵好吃的三大元素，炸醬、菜碼、麵條，其中炸醬和菜碼大同小異，但採用什麼麵條就很關鍵，正宗的老北京炸醬麵採用的是純手工製造的麵條，口感柔中帶勁，韌實彈牙。現在北京有許多景點，販賣的老北京炸醬麵並不正宗，用的只是機器製作的鹼麵條，口感脆爛，只是忽悠不明就裡的遊客罷了，有一次我在景山附近就碰到一回，真是令人大失所望。倒是有一次我在一碗居吃老北京炸醬麵，目睹後台手工麵的製作，整個製麵過程相當費勁，製麵師傅用一根超過一米五的木棍把麵糰擀成一張直徑超過一米的麵皮，再把麵皮切成長長的麵條，我才終於明白原來桌上炸醬麵的麵條口感，來自於後台製麵師傅手上的勁道，這是機器製作的麵條無法賦予的一種堅持和生命力。

2016　安徽巢湖市半湯溫泉

巢湖白水魚

位於安徽省巢湖市東北湯山腳下的半湯溫泉是我國四大古溫泉之一，此地因由一熱泉和一冷泉匯聚而成，冷熱各半故名半湯溫泉。半湯溫泉始開發於隋朝聞名於唐朝，至今湯山腳下已開發許多溫泉度假酒店，有各種風情的溫泉設施，而室外的公共溫泉建設在花草扶疏的野外，空氣清新，風景怡人，來此泡湯真是享受。初春來此梅花綻放，泡完溫泉身心舒暢，在溫泉酒店用餐點了一道清蒸巢湖白水魚，巢湖是中國第五大淡水湖位於湯山溫泉南方，因地利之便來此泡湯還可以一嚐巢湖白水魚，真是何其有幸。巢湖白水魚相當修長，出場時用一個巨大的長盤裝盛，簡單的醬油汁口味清蒸魚，但肉質細嫩鮮美，吃得令人心曠神怡。半湯溫泉、巢湖白水魚、初春的梅花讓我渡過一個難忘的假日，有空我還會重回湯山投入美人湯的懷抱。

2016.6　蘇州

雲南石鍋魚

雲南菜善於保存食材樸質的味道，赫赫有名的汽鍋雞便是利用蒸汽在密閉的陶鍋內蒸騰循環把雞肉烹熟而成。第一次吃雲南石鍋魚卻是在蘇州，那是一口直徑約50公分的石鍋，是由天然大理石一體刻成的石鍋，鍋底有蒸氣孔，煮前高壓蒸汽由鍋底氣孔往上直衝，達到清潔和消毒的功效。大約一分鐘後蒸氣孔關閉，可以放入高湯、豆腐和魚，接著用一個草編似少數民族草帽的鍋蓋蓋好，然後鍋底開火煮魚，等魚煮滾冒出濃濃蒸汽，大約五分鐘後開蓋，鍋湯白晰如奶的石鍋魚便做好了。石鍋魚採用新鮮活魚有三種選擇，中華鱘、江團和黑魚，此種料理湯鮮肉嫩充份體現雲南菜保存食材樸質味道的特點。吃的時候先喝湯再吃魚，再往鍋裡燙一些蔬菜或菌菇食用，最後倒入事先煮熟的雲南米線，等米線煮滾充份吸收魚鍋的湯汁，撈出即可大啖，算是替雲南石鍋魚畫上一個完美的句點。不在雲南，吃雲南石鍋魚，仍能感受當地美食的風情與特色，人生一樂也。

2016.2　安徽合肥

雪紅果

冬日是吃山楂的季節，山楂是酸味較強的水果，有消食助消化的功效，但單獨生吃胃腸弱者可能消受不了。在北京小販通常用竹籤串成一串再裹上糖漿，這就是老北京有名的冰糖葫蘆，外表是透明的一層冰糖，裡面是鮮紅的山楂果，吃起來甜中帶酸，小孩尤其喜歡，冬日的北京常見大人牽著小孩，小孩手裡握著一串冰糖葫蘆，邊走邊吃滿心歡喜。另外我去安徽合肥時，街頭小販販賣一種名叫紅山果的小吃，這也是一種裹糖的山楂，外皮是一層雪白的糖霜，裡層的山楂果鮮紅欲滴，看上去白裡透紅甚是誘人，吃起來甜中帶酸但口感上相當鬆軟，不似冰糖葫蘆外皮脆硬。雪紅果一種浪漫而酸甜的口感，或許也是一種初戀的愛情滋味，怪不得獲得很多青年男女的青睞。

2016.3　江蘇常州

紅湯麵

以前到鎮江出差拜訪客戶，江南人好客，晚上一起用餐聊天，江南河鮮眾多，每道嚐過早已酒足飯飽，但飯局尾聲客戶一定要你嚐一碗鎮江有名的鍋蓋麵，此麵看似平凡無奇，白麵紅湯撒點綠色蔥花，但隨口一嚐味道令人震驚，集酸甜鹹鮮於一體，其中的奧妙除了醬油便是加了鎮江名產鎮江醋，各地都有產醋，但鎮江醋以其香氣濃郁而口感略帶甘甜而聞名中外。因為工作變動關係，已多年不曾去過鎮江，卻因一個早春到常州旅遊賞梅，住宿紅梅公園旁邊酒店，在酒店點了一碗紅湯麵，出場一看這不就是鎮江的鍋蓋麵嗎？聞一下這味道，喝口湯，鎮江醋味又勾起了當年的往事，回憶起在科技產業發展的年代，和江南客戶把酒言歡，飯局尾聲那個令人難忘的完美句點，一碗加鍋蓋煮得恰到好處的紅湯麵，簡單樸素但感動人心。

2016.3　江蘇常州

鵝肝杏仁蝦球

位於常州紅梅公園旁邊的好福記餐廳，生意興隆常常客滿為患，其中一道鵝肝杏仁蝦球令人讚不絕口，那是新鮮蝦仁剁成蝦泥中間裹著鵝肝醬，搓成蝦球後外面再裹杏仁片，然後用油炸到金黃酥脆，杏仁的香氣，蝦仁的鮮美，鵝肝的濃腴，這樣一個豐富的組合造就這道小點好吃到不行，也是這個餐廳人氣很高的一道美食。這道帶著法式風味的餐點，卻夾雜在眾多江南名菜的餐館裡脫穎而出，好吃的美食不管身在何處，總是不會被老饕給遺忘的。

2016.3　江蘇常州

好福記老鴨煲

江南一帶多湖泊河流，鴨子甚為普遍，我獨鍾情老鴨煲，此菜用老鴨煲湯必有筍乾和鮮筍，其湯鹹鮮帶著迷人的酸味，老鴨煲到肉質軟爛，吃完回味無窮。此菜必用陶鍋煲湯才是正宗的老鴨煲，很久以前在南京嘗過老鴨煲後就念念不忘，後來再吃老鴨煲已是十餘年後，那是在常州好福記餐廳，一樣迷人的江南特有風味， 那種湖泊河流孕育出來的一道江南美食。

2016. 5.15　新竹路易莎咖啡

咖啡之路

咖啡據說是伊索披亞的牧羊人發現的，羊吃了咖啡樹上的果實興奮得活蹦亂跳，阿拉伯人最早把紅色的咖啡果（咖啡櫻桃）拿來食用，就像我們台灣吃檳榔一樣，把咖啡果咀嚼吸吮然後把咖啡種子（咖啡豆）吐掉。伊斯蘭教徒在宗教祈禱儀式中為了防止打瞌睡，開始利用咖啡豆熬過的湯汁來提神，而威尼斯商人透過和阿拉伯人的貿易活動中把咖啡引入，經由地中海傳入土耳其、希臘、義大利等地，以致於最後傳遍整個歐洲。歐洲透過航海和殖民把咖啡的種植和貿易推向全球，咖啡館一度還成為歐洲藝術、文學和民主的濫觴之地，知識分子聚會咖啡館激盪出很多新潮的思想和理念，如今咖啡館已是世界普及遍地飄香，而臺北也名列世界主要咖啡之都。咖啡口味之喜愛因人而異，我喜歡伊索披亞的耶加雪菲，來一杯向咖啡的發源地致敬，享受一種草原自由奔放的氣息，而牧羊人的羊群彷彿一一走過我的腳下。

2016.5.14　新竹

火腿的魅力

火腿因色澤豔紅如火而得名，世界各地皆有火腿，比較有名的像義大利帕瑪火腿，中國的金華火腿和西班牙的伊比利亞火腿。尤其伊比利亞火腿因為風味特殊而舉世聞名，此種來自伊比利亞半島的黑毛豬火腿，還因飼養方式和熟成條件的不同區分出不同的等級和價格。最好的伊比利亞火腿其黑毛豬在長大增重的過程，把牠們放養在野外的橡樹林中，豬靠找食橡樹的果實增肥，增肥到一定重量後才宰殺，豬腿僅靠鹽巴醃製和自然條件風乾熟成。此種火腿熟成後由刀功精湛的師傅削片，火腿片薄如紙紅如火，味道濃郁豐腴，散發出一種堅果的香味，吃完口齒留香，回味無窮。同學James吳和他老婆都鍾情此味，那一天和Jane還有Adam王夫婦一起在James吳家品嚐他們從國外帶回的伊比利亞火腿，我特地帶了一瓶Opus One紅酒助興，一群人沉醉在愉快熱絡的氣氛裡，度過一個令人難忘的夜晚。我愛伊比利亞火腿，一種像弗萊明哥舞一樣紅火熱情令人無法阻擋的魅力。

2016.4.30　蘇州大炮地鍋雞

徐州地鍋雞

地鍋雞是蘇北徐州和魯南地區流傳很久的民間飲食，據考證已有一千多年的歷史，以前徐州人在自家小院用石頭壘灶，架上一個大鐵鍋，往裡面燴菜，順便揉一些麵糰壓成麵餅往鍋壁一貼，大夥圍鍋而坐，等菜熟了麵餅也熟了，也就席地而吃。如今地鍋雞在徐州或蘇州一帶的餐廳都可以吃到，不過改用磚砌鋪上大理石的爐灶，上面依然架著大鐵鍋，一隻整雞剁好連同炒過的醬料和湯汁一起放入大鐵鍋，師傅往灶內加柴燒火，鍋燒熱了以後再往鍋壁貼上麵粉和玉米粉做成的兩種麵餅。等大鍋徹底煮開，掀開木製的大鍋蓋，頓時香氣蒸騰令人食指大動，先吃煮熟的雞再吃蒸烤熟的麵餅蘸點湯汁，味道濃郁自然，有一種粗獷豪放的鄉土風味。第一次吃地鍋雞很多人會被那口霸氣的大鐵鍋震驚，或許徐州此地古代兵家必爭，楚霸王項羽也出於此，歷史上的豪邁之風仍然保留在民間的傳統飲食裡。

2014.7.13　新竹

毛氏紅燒肉

紅燒肉是湖南地方名菜，毛澤東愛吃這道菜，毛澤東是湖南韶山人，當地稱它為毛家紅燒肉，也有餐廳乾脆把它命名為主席紅燒肉，但更普遍的稱法為毛氏紅燒肉。毛氏紅燒肉我在湖南和深圳都吃過，但如今在台灣也可以吃到，海峽兩岸早年敵對狀態，任何意識形態的東西都會被大做文章，如今兩岸交流頻繁，民間已領先政府，尤其在美食領域兩岸早已相互融合，因此在大陸也可以吃到台灣滷肉飯。毛氏紅燒肉不同於上海紅燒肉的濃油赤醬，它不加醬油，先靠薄油熱鍋煸出五花肉的焦黃色，把煸好的五花肉取出，餘鍋豬油內放入冰糖加少許水煮到焦黃後倒出備用，原鍋加一些油放入薑片、蒜瓣、蔥段、香葉、八角、乾辣椒炒香，再放入五花肉並加料酒同炒。把炒過的焦糖汁倒入讓五花肉包裹糖衣，加水沒過肉塊，蓋鍋大火燒開轉中小火煨四十分鐘，開蓋加鹽開大火收汁後起鍋。在台灣吃毛氏紅燒肉，在大陸吃台灣滷肉飯，這是在三十年前我都不敢夢想的現實啊！

2010.12.26 安徽黄山

黃山臭豆腐

世界各地皆有逐臭之夫，古今中外皆然。中國有臭豆腐，歐洲有藍紋乳酪、日本有納豆、東南亞有榴蓮，飲食品味因人而異，喜者趨之若鶩，惡者嗤之以鼻。然臭也未必是真臭，中國安徽因地理環境造就飲食特色，被戲稱安徽菜的特色就是「鹽重腐敗」，大名鼎鼎的臭鱖魚便是其中之一，然食者皆只聞其香。大凡植物蛋白質或動物蛋白質在發酵過程中都會散發一種濃重的特殊味道，但也因此生成許多對人體有益的物質。世界名山黃山腳下的黃山市有一特產臭豆腐，許多人見了它的原形都大嚇一跳，此種一般的白豆腐在當地特定的溫濕度下，長出細如蠶絲的長長白毛，和我們日常所吃的食物發霉差不多，其實這就是一種黴菌發酵，但這是一種有益菌。聞著帶有濃厚發酵的臭味，但菜籽油煎炸過後卻散發一股迷人的特殊風味，難怪黃山臭豆腐的聲名不脛而走，下次去爬黃山千萬別錯過。

2016.1.10　新竹

麵包最佳搭檔

對法棍麵包或歐風麵包而言，外皮烤得金黃酥脆而內裡鬆軟帶有孔洞是最高境界，麵包可搭配的東西很多如奶油、果醬、濃湯或燉肉醬汁，我獨鍾情麵包搭配油醋醬，尤其義大利佛卡夏麵包搭配油醋醬。此種油醋醬是由初榨橄欖油和義大利巴沙米可醋混合而成，橄欖油是歐洲最普遍的食用油，產地以西班牙、義大利、希臘、土耳其等地為主，各地風味皆不一樣，但初榨橄欖油的果香濃郁營養成份高，最適合沾麵包直接食用或涼拌沙拉。世界各地都有產醋，但義大利的巴沙米可醋以其獨特的工藝和風味舉世聞名，此種用葡萄汁熬煮後發酵做成的醋最後放在橡木桶裡陳年而成，而且越陳年風味更豐富同時價格也越貴。好的初榨橄欖油混合幾滴上等的巴沙米可醋，烤好的法棍麵包或義大利弗卡夏麵包切片，用手撕麵包蘸上此種油醋醬食用，真是絕佳搭擋，雖然麵包搭配其他醬汁也好吃，但此種吃法最為純樸自然，卻也令人最回味無窮。我愛烤麵包配香濃的油醋醬汁，一種難分難捨的依戀，總在一上西餐廳便有著莫名的渴望。

2016.6.10　蘇州順風港餐廳

清蒸鰣魚

中國南方江河湖泊眾多，長江不但風景秀麗更是漁產豐盛，江南名菜中素有長江三鮮之稱，其中三鮮即是鰣魚、刀魚和河豚。此三種魚皆為迴游性魚類，近年由於水質污染和人為過度捕撈，野生魚種大量減少，已經變得奇貨可居天價異常。長江鰣魚自古即為朝廷貢品，現已瀕臨絕種，所幸從美國引進的人工養殖鰣魚大獲成功，如今重回老饕的餐桌。鰣魚魚鱗密軟又稱為惜鱗魚，鰣魚做法以清蒸為主，由於魚鱗充滿油脂，蒸製鰣魚一般不去鱗，帶著魚鱗上桌還有保溫效果。食用時用筷子或叉子把魚鱗輕輕剝開，油脂的香味隨著熱氣撲鼻而來，入口肉質鮮嫩滋味濃腴，肉中有刺細長柔軟，這是一道需要小口細品的魚鮮，雖然現已都是外來品種，但仍不失為一道已被中華文明同化的江南名菜。我在上海銅川路的海鮮批發市場買過回去自行烹調，蘇州的中式餐廳在清明節前後也可以點到此菜。我愛食魚，也愛鰣魚，品今日江南名菜，緬懷昔日的長江三鮮之首。

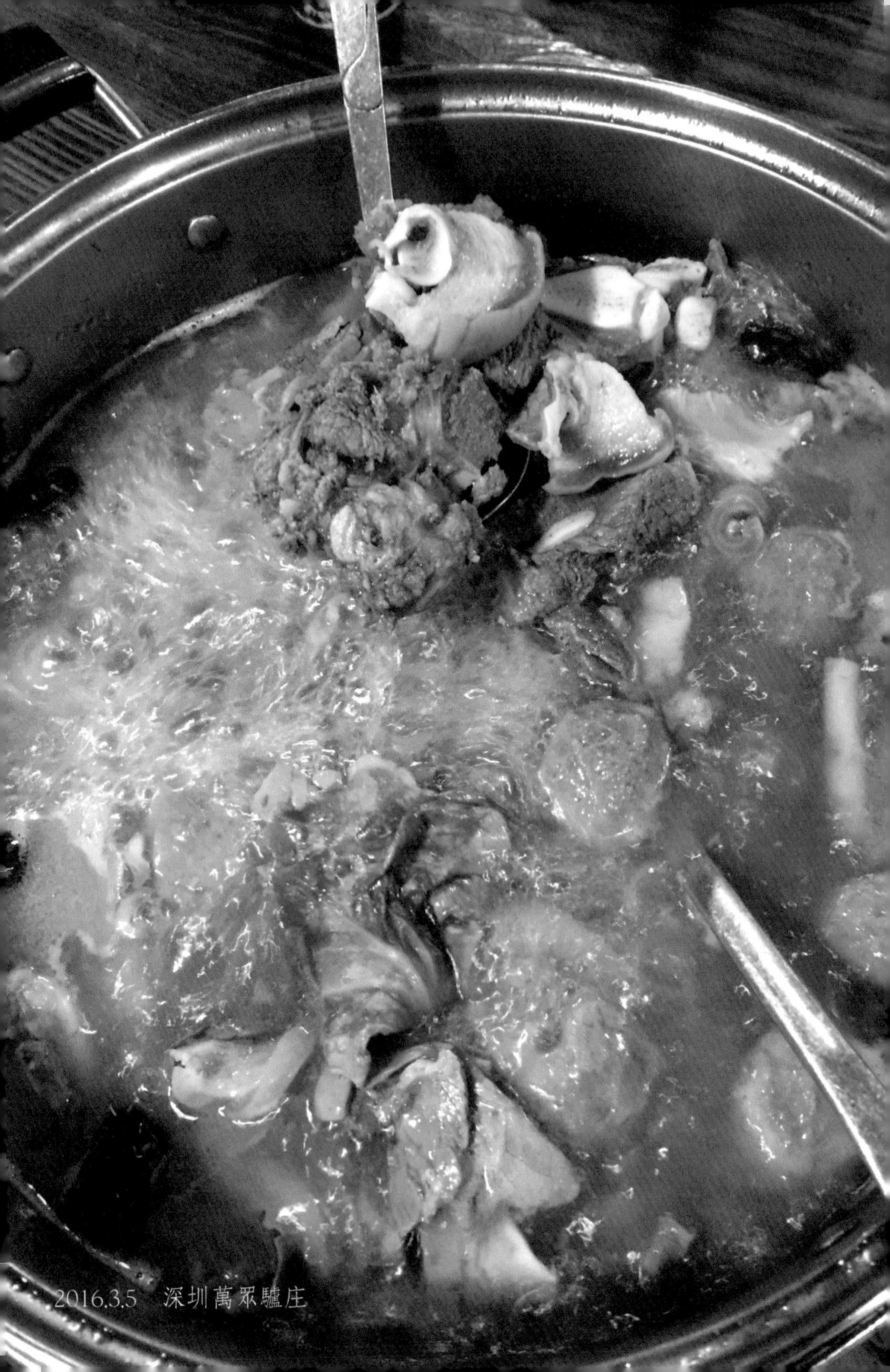

2016.3.5　深圳萬眾驢庄

帶皮驢肉湯

台灣雖然是地處南方的小島，但料理相當興盛，倒是驢肉料理很難看到，驢肉在中國北方較為普遍，河北省河間一帶盛行驢肉火燒，也就是燒餅夾滷驢肉切末，在北京也可常吃到醬驢肉，以冷盤切片的方式出菜。驢肉之好吃，喜食者讚不絕口，甚至民間還有天上龍肉，地下驢肉之說。天上龍肉雖美但只能想像，可望不可及，而地上諸多禽畜美味，這種在中國略帶愚笨而低貶的動物，竟然名列第一，沒親身吃過的人實在很難想像。中國著名的山東省濟南市特產東阿鎮阿膠，就是驢皮、黃酒、冰糖、豆油等原料做成，阿膠能成為滋陰補血的保健聖品，其中驢皮是關鍵原料。我之前不解為何阿膠非驢皮不行，直到有一次在深圳龍華萬眾驢庄吃到帶皮驢肉湯，才恍然大悟。此驢湯，湯頭用驢骨和香料熬製，湯滾時先盛碗湯喝，接著丟入事先煮過的帶皮驢肉切片和生的驢肉丸子，等湯再度沸騰先吃驢肉丸子，再吃帶皮驢肉。湯頭鮮美，丸子脆嫩，帶皮驢肉膠質飽滿，軟中帶勁，真乃舉世無雙，天下第一。

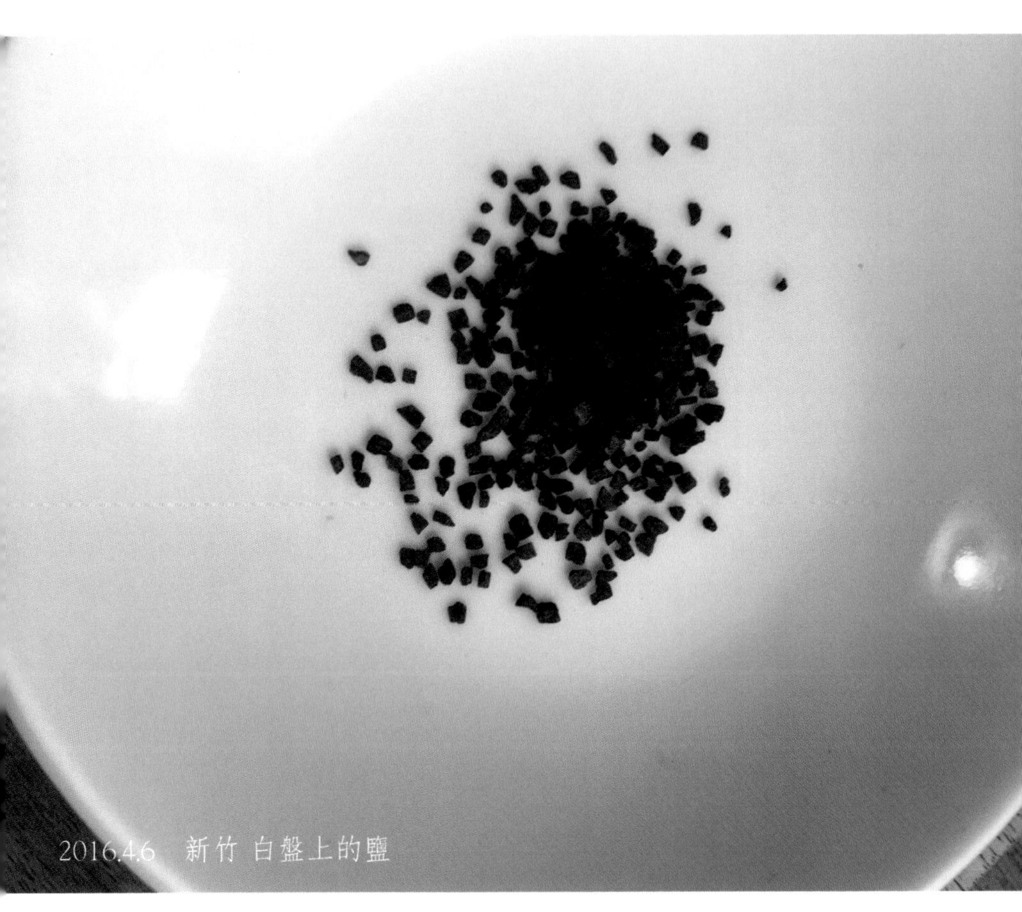

2016.4.6　新竹 白盤上的鹽

鹽的滋味

鹽的滋味有什麼好說的呢！不就一個鹹字，這是絕大多數人的映象，但其實剛好相反，料理加適量的鹽反把食物的甜味給帶了出來，若食物不加鹽常常是平淡寡味。鹽一般分四類，海鹽、湖鹽、井鹽和岩鹽，海鹽一般最便宜的是抽取海水加以電透析加工的人造精鹽，此鹽主要成分是氯化鈉，鹹而且帶苦味，人造湖鹽也是類似，但好的海鹽或湖鹽是靠引水天然日曬，尤其像赫赫有名的法國葛洪德鹽之花，乃海水在鹽田裡遇到特殊溫濕度和陽光形成的天然結晶鹽，因產量少而價格昂貴。井鹽像中國自貢這個地區在山區打井取出滷水加以熬煮而成，岩鹽其實就是高山裡帶鹽份的礦石晶體。近年很流行牛排搭配喜馬拉雅山玫瑰鹽或安地斯山岩鹽，其實就是半透明略帶粉紅的結晶礦鹽，煎好的牛排撒上少許玫瑰鹽，立刻把牛肉的甜味給帶出來。還有一種黑鹽是產自火山附近的熔岩，像夏威夷黑岩鹽，總之各種天然鹽含有多種礦物質和微量元素，上等天然鹽還帶有甜味，而人造精鹽就只有鹹味罷了。

2016.5.15　新竹薄多義義式料理

披薩的原味

自從披薩這個從義大利南部海港小鎮拿坡里傳播到世界各地的平民飲食廣受歡迎之後，走到全球各地都很容易吃到這種速食。簡單、快速、美味、價格不貴，是其擁有大量粉絲的原因，就連家庭煮夫和主婦都喜歡在家自行製作樂此不疲。一般家庭烤箱溫度最高250度，披薩需要烘烤約20分鐘，但正宗的拿坡里披薩採柴燒窯烤爐，溫度達400度到500度，烘烤時間60秒到90秒即可。雖然現在的披薩有各種配料而且口味五花八門，但最經典的拿坡里披薩卻是配料最簡單的瑪格麗特披薩。這款由廚師以番茄、羅勒、莫扎瑞拉乳酪為配料做成，展現義大利國旗的紅綠白三種顏色的披薩，以十九世紀的義大利瑪格麗特王妃來命名，餅皮烤得外皮酥脆但整體相當柔軟，餅皮外緣帶著略微烤焦的漂亮虎斑才算道地。下次你有機會到正宗的拿坡里披薩店，一定要點這款簡單經典的披薩，回味一下披薩的原始味道。

2016.7.6　蘇州香雪海餐館

老上海熏魚

熏魚原是江蘇、浙江、上海一帶民間的普通菜餚，如今已變成當地各大小餐館的名菜，尤其是名列上海菜裡涼菜的代表，正宗上海菜館一定吃得到這道菜。我第一次吃到這道菜時和大部分外地人的反應一樣，就是口味偏甜，但確實香脆好吃。熏魚一般採用草魚，草魚切大塊沾粉炸至金黃酥脆，一般這個過程要重複炸二至三次，如此魚肉水分可以炸得較乾，達到最佳酥脆口感。 接著是魚汁的製作，把蔥、姜、蒜、八角、肉桂、香葉等香料用油炒香，加入白胡椒粉、黑醋、黃酒、醬油、糖、水煮滾，轉小火熬煮約三十分鐘，待變成濃稠醬汁稍加放涼，把炸好的魚塊放入做好的醬汁中浸泡待上色入味即可。老上海熏魚在許多熟食店也可以買到，初嘗其味道感受到偏甜的小菜，如今越吃越漸入佳境，現在一翻開上海菜菜單，就會想起昔日甜蜜的驚豔味道。

2008.2.9　杭州西湖樓外樓餐館

松鼠魚

松鼠魚不知道的人乍聽之下很難想像，直到看到菜品上場才恍然大悟，此菜的命名相當傳神，因為一條魚被烹調得活像一隻生動的松鼠躍於盤面之上。松鼠魚其實是蘇州地區的傳統名菜，在江南各地一直把它列為宴席上的上品佳餚。松鼠魚在民間製作也算是糖醋魚的一種，但使用的魚差異極大，有使用草魚、黃魚、鯉魚，也有使用茄子做成素松鼠魚，但最正宗的是採用鱖魚做成的松鼠桂魚（鱖魚），這才是道地的江南名菜，據說乾隆下江南時也品嘗過這道名菜。這道菜很講究刀功，殺魚時必須先由魚背深入去骨，不能劃破肚皮，攤開的魚身用斜刀交叉切成菊花形狀，沾粉油炸後擺盤，淋上滾燙的番茄糖醋醬汁，再撒上烤好的松子就大功告成。此魚不但形狀像松鼠，連配料松子也是松鼠最喜歡吃的，酸甜口味大人小孩都喜歡，桃花開時鱖魚肥美，此時品嘗滋味最佳。

2016.6.26　蘇州石湖

喝茶山水之間

喝茶這門藝術在中國和日本皆有高度的研究，中國有陸羽《茶經》，日本有茶道，對茶葉、茶水、茶具和泡茶方法都有講究，也有專業的茶房，提供客人喝茶聚會的場所。然而喝茶在中國文化裡已是生活方式的一部分，幾乎任何人都可以隨時來一杯或一壺，管他好茶或劣茶。我雖獨鍾情像古人一樣在室外喝茶，唯獨拋開繁瑣的煮茶、泡茶、品茶的工具和程序，把泡好的台灣高山茶用保溫壺裝著，帶兩個喜愛的小茶杯，帶一些小點心，找一處寧靜的地方席地而坐。在城市生活最好遠離塵囂找一個不要太遠可以鬧中取靜的地方，在蘇州石湖是一個好的選擇，躺臥湖畔，繡球花開在眼前，頭上有翠柳為蔭枝條搖曳，眺望遠山白雲幻化色彩，水波隨風滌盪變作音樂。這樣隨意喝茶自是愜意，沒有竹林七賢在場，可以不管世事的紛紛擾擾，只管沉溺在一杯山水之間。

2016.6.9　蘇州金雞湖畔

用餐金雞湖畔

到蘇州在古鎮或古街吃飯，小橋流水古色古香別有一番韻味，但山塘街如今遊人如流水，喧囂如市集，反而在金雞湖畔用餐，視野開闊湖波蕩漾，有一種更為自由奔放的氣息。金雞湖是一個人工湖，得力於工業園區的開發，這裡已是蘇州的地標，也是假日休閒用餐的熱門地點。沿著湖畔兩邊有咖啡廳、茶坊和餐廳，時間充份的話可以沿著湖岸逛逛，湖岸綠樹掩映波濤漂忽，逛累了找一家可以室外用餐的餐廳，享受一種微風吹拂怡然自得的難得時光。現代都市找到裝潢得富麗堂皇的餐廳容易，但要一個空氣清新，環境優美，自由開闊的室外環境已屬不易。中國人對美食的味道要求很講究，但對用餐環境的品質卻沒那麼重視，我曾經去過許多餐廳，菜餚味道不錯但環境髒亂無比，尤其廁所更是騷臭不堪，用完餐真想趕快逃離那個地方。好的用餐環境除了美食令人享受，即使用完餐你都想多坐一會兒，我喜歡樹下用餐， 海邊用餐，河邊用餐，而用餐金雞湖畔有一種像魚兒游水的自由自在享受。

2016.7.6　蘇州

貴妃最愛

荔枝屬熱帶水果，為我國南方特產，主要分佈於台灣、廣東、廣西、海南。荔枝盛產於夏季，色澤豔紅形狀圓潤飽滿，令人垂涎欲滴，荔枝品種眾多，有桂味、糯米糍、玉荷包、妃子笑等等。其中妃子笑的命名取唐朝杜牧的〈過華清宮〉：「長安回望繡成堆，山頂千門次第開。一騎紅塵妃子笑，無人知是荔枝來。」受唐明皇恩寵的楊貴妃喜吃荔枝，皇室動用加急快騎遠從嶺南快遞長安城，可見當時能吃到新鮮荔枝是多麼珍貴。宋朝蘇東坡也是荔枝的最佳推銷員，他被貶廣東惠州時寫過一首詩，「羅浮山下四時春，盧橘黃梅次第開。日啖荔枝三百顆，不辭長作嶺南人。」但客家人有諺語，一棵荔枝三把火，荔枝雖然好吃但容易上火，不可多食，蘇東坡被貶已經非常火大，日啖三百顆可謂火上加火，現在每家都有冰箱，稍微冷藏再食用可不上火。荔枝是季節性水果，容易變色腐敗，不易保存，剛上市時賣得很貴，大有貴妃嘗鮮之姿，但盛產時價格大減，這時婆婆媽媽人手一袋買得開心，妃子笑變成大媽笑，沒有皇上，每個人都是這個時代的寵兒。

2016.3.2　蘇州街頭

路邊爆米花

路邊爆米花，此種庶民小點心在小時候鄉下很流行，在以前物資缺乏的年代，這種用米做的小點心已經相當珍貴，小販推著攤車還有那最最重要的武器，我們小孩都稱他為大炮的圓桶狀鑄鐵鍋爐。小販負責收費加工，誰家要爆米花的自己端一碗白米出來，小販把白米倒入大炮中蓋緊鍋蓋，放在炭火下一邊轉一邊燒烤，等黑嚕嚕的鑄鐵鍋燒熱了，用一個鐵籠網住鍋爐口，然後準備開炮，這時所有圍觀的小孩都因害怕離得遠遠的。接著開炮，小販打開鍋爐，一聲轟然巨響白煙四起，爆米花出爐很像變魔術一樣，小孩拍手鼓掌完成一個熱鬧的街頭饗宴儀式。小販接著熬煮麥芽糖漿，然後把爆米花和麥芽糖漿放入個大鐵鍋內拌炒均勻，接著倒入一個方形框內碾平，再用刀切成塊，稍微放涼加以食用香脆無比。這個小時候美好的回憶，想不到四年後竟在蘇州街頭異地重現，我拿起手機拍下彷彿昔日大炮開砲時心中忐忑的一幕。

2016.7.17　新竹鼎泰豐

鼎泰豐小籠包

談到小籠包，以前在北京王府井大街吃過狗不理包子鋪的小籠包，內餡和麵皮都稍嫌粗糙，而且外形歪七扭八，賣相相當糟糕，吃完整體令人覺得虛有其名，讓我對狗不理包子有點失望。後來到上海南翔也吃過小籠包，那兒商家到處都是賣小籠包，造型、味道和口感都算中規中矩，不愧是蘇式小籠包的發源地。而談到小籠包，台灣最出名的便是鼎泰豐了，這家以蘇式麵點起家的餐館如今揚名海外，它的鎮館之寶便是小籠包，是中外遊客到台灣的必吃之一。鼎泰豐小籠包源於蘇式小籠包，但用料講究，工法精細，成品皮薄如紙，內餡味美多汁，造型優美，它透過研發和管理把蘇式小點推到一個中式美食的新高度。小籠包雖然小小一個但學問很大，吃的時候蘸點薑絲醋，接著咬一小口吸吮湯汁，然後連皮帶肉吃下，個中滋味妙不可言。

2016.7.30　新竹縣橫山大山北月餐廳

仙草涼麵

喝過仙草茶，吃過仙草冰，也吃過很多種麵，但這輩子卻第一次吃到仙草涼麵。到新竹縣橫山大山背走龍騎古道，此古道於半山腰可以通到山下的溪谷，小溪水流清澈，安靜閒逸，夏日至此打赤腳坐在溪中大石泡腳，清泉濯足，暑意全消，溪邊還開滿了潔白的野薑花。由溪谷原路沿龍騎古道上山到大山背人文生態館，這間由國小改建的大山北月餐廳，可以用餐喝咖啡。比較特別的是有一道仙草涼麵，此涼麵是燙熟的乾麵，配上黃瓜絲、蘋果絲、小番茄、萵苣、秋葵、竹筍、仙草凍、胡麻口味冰淇淋，上面還撒上花生、烤黃豆、葡萄乾和曼越梅。這種組合乍看之下有點奇怪，除了仙草外竟然還加了一勺冰淇淋，一下子不知道怎麼下手，在店員的指導下把全部食材拌勻再吃，結果味道好吃到令我驚訝，想不到這偏僻山野還有如此奇食，這是我吃過最特別的夏日限定麵食了。

2016.7.30　新竹縣橫山大山背人文生態館

小學咖啡

在大山北月喝咖啡有一種時光倒流的感覺，因為這個位於橫山大山背的人文生態館，以前是一個很小的國小叫豐鄉國小，因地處偏遠山區人口外移，國小停止招生改為生態館。來此一遊可以漫步一條名為龍騎步道的百年古道，人文生態館內可以用餐和喝咖啡，其實就是在國小的教室內用餐，國小蓋在一片視野極佳的山坡上，可以眺望遠山層巒疊翠。我喜歡把咖啡端到教室外的走廊，坐在竹編的小桌，靜靜看著操場的綠地和高大的松樹，一邊喝咖啡一邊回憶起國小的童年往事，回憶起年少時光那些美好的生活印記。松樹下的街頭藝人吹著薩克斯風，一些懷舊的經典歌曲偶而也會勾起年輕的回憶，這樣的山野咖啡也是值得人生回味的一種滋味，山嵐飄渺於坡下，友善的老狗不時從你腳下鑽過，享用一杯耶加雪菲，這是在城市裡喝不到的一種風味。

2015.12.12　上海

老陝褲帶麵

陝西人愛吃麵，舉世聞名，現在全世界各地也都有麵條吃，但如果要論最粗獷和最霸氣的一款麵，那非老陝BiangBiang麵或俗稱褲帶麵莫屬。Biang 這個漢字基本上是一個以聲音創造出來的複雜字形，一般人都不會寫，但賣此麵的店家會在門前貼一個紅色且很大的Biang的漢字。這個字的意思，其實來自廚子製作麵條過程甩麵撞擊案板的聲音，這個步驟不完全是噱頭而實質是起到讓麵條緊實有嚼勁的作用。說到霸氣，一般一碗麵都有數不清的麵條，但這種麵只要一條就是一碗麵了，而且保證讓你吃飽，這一條麵一般寬達五到六釐米，長度長達一米，這種尺寸就像一條褲帶一樣，因此又俗稱褲帶麵。一般吃法有在麵上直接淋上油潑辣子，但也流行麵和蘸汁分開盛出，吃的時候把麵撈到蘸汁碗裡帶出味道再入口。我第一次吃這種麵是在北京，後來也在西安和上海吃過，由於麵條扎實嚼勁很是耐飢，吃的時候最好加一些陳醋幫助消化，如若你又沒什麼活動，那麼下一餐可能你要等久一點了。

2015.12.12　上海

老陝麵食我的最愛

老陝麵食中油潑扯麵是我的最愛，每到老陝麵店中必大啖一碗才呼過癮。油潑扯麵也是陝西著名的麵食，基本上麵條和Biang Biang麵的製作方法一樣，但麵條沒有褲帶麵那麼寬也沒那麼厚，這種麵基本上放有豆芽墊底，麵上撒了辣椒麵又叫辣子，蒜碎和蔥花，然後再潑入燒好的熱油，吃的時候把油潑辣子和麵及配料拌勻。一般碗裡的調味除了醬油，都有放了一些陳醋，若沒有就自己淋一些，除了增添香氣也可以平衡油潑辣子的油膩感， 並且有助消化紮實嚼勁的麵條。由於是以一種乾拌麵的形式出場，一般的店家也免費提供煮過麵的麵湯給顧客配用，讓原湯化原食，不過我最喜歡的是再點一份水盆羊肉湯配用。這樣的組合成為我在冬天進入老陝麵館的標準點單，紅火油亮的麵條香氣四溢，濃郁暖人的羊肉湯又一相逢，此刻，真是勝卻人間美食無數啊！

2017.7.12　日月潭

記憶中的地瓜球

地瓜或稱番薯，東北人稱土豆，這種食物在現在很多台灣中老年人的記憶裡是又愛又恨，我就是其中之一。小時候住台灣南部，在土地資源相對貧瘠的海線鄉下，番薯無疑是養活農村人口的重要糧食，當時稻米產量有限而且價格比番薯貴，番薯不易保存，因此刨絲日曬成番薯籤成為我家三餐米飯的重要輔助糧食，父母親就是靠這把我們家七個兄弟姐妹給帶大的。日曬過的番薯籤口感不佳，倒是神明祭拜的節日，媽媽用新鮮番薯製作的丸子甚是好吃，成為兒時記憶中一道難忘的甜點。長大後這種地瓜球已經不容易吃到，倒是有一次在日月潭湖邊的一家小餐館又發現了，本來這家阿豐師餐廳是以他的招牌菜東坡肉出名的，但我對他的地瓜球更感興趣，這地瓜球吃到嘴裡瞬間讓我回望到五十年前的時空，一大家族鄉親整天忙於番薯的收割勞作，從早到晚甚至挑燈夜戰，而媽媽為神明節日準備的番薯丸子，鬆軟甜蜜，到現在依然覺得口齒留香。

2017.2.8　台南赤崁樓

台南擔仔麵

台南古稱府城，文風鼎盛，是台灣早期最繁華和發達的城市，古時有一府（台南）二鹿（鹿港）三艋舺（臺北）之排名。台南的小吃名聞全台，擔仔麵、碗粿、肉粽、滷肉飯、蝦卷、鼎邊銼……等等，真是不勝枚舉，其中又以擔仔麵最為出名，位於中正路上有一家百年老店度小月聽說是擔仔麵的創始店。據聞昔日台南漁民洪芋頭靠討海維生，但季節性的風浪變化限制了漁船出海的時機，不能出海的時候就打工順便賣一些小吃維生，因此挑著擔子沿街叫賣麵食成為擔仔麵這個名稱的由來，而以此貼補家用度過艱困的月份卻是創始店名「度小月」的初衷。擔仔麵主要是把燙過的油麵置於碗底淋上由豬骨和雞骨等熬成的高湯，然後在麵上鋪上一大勺以蔥油酥和香料熬製的肉燥，最後再放上燙熟的蝦子和一小撮香菜。此種小吃看起來沒什麼看頭，小小一碗，但是吃起來有一種絕妙的味道組合，細膩而回甘。如此平凡無奇而令人回味再三的美食，符合溫文儒雅的傳統台南人性格， 外表質樸而不張揚，內斂而有深度。

2017.2.7　屏東佳樂水

怪石岸邊吃烤飛魚

飛魚長得有點像烏魚，長有一對非常發達的頭鰭，跳躍海面之時宛如張開翅膀飛翔的魚，小時候父親都管叫飛烏。每年三到六月，春暖花開之際，飛魚會順著黑潮迴游經過台灣東海岸的太平洋，這時飛魚成群結隊，蘭嶼原住民都要舉辦飛魚祭祭祀此一盛大的飛魚捕撈活動。我在蘭嶼吃過油炸飛魚和飛魚炒飯，也在花蓮吃過原住民烤飛魚，但真正令我印象深刻的是在屏東佳樂水的烤飛魚。佳樂水位於屏東的太平洋海邊，以各種天然的動物造型巨石聞名，那是從遠古至今湧動的太平洋海浪日夜不停地拍打海岸岩石形成的，佇立海岸望去，造型逼真，惟妙惟肖，令人佩服大自然的鬼斧神工。暑假時節，到此一遊，海岸邊到處都是奇岩怪石，旁邊有一家不起眼的小攤剛好在賣烤飛魚，買來坐在岸邊怪石上吹著海風，望著遼闊的太平洋，腳下飛浪激起千堆雪，而遠處蔚藍海天一色，這烤飛魚一入口啊！滋味美妙，心頭激動不已，真怕會不會又從我口中飛入太平洋。

2017.2.7　屏東墾丁

原住民石板烤山豬肉

台灣山多平原少，原住民大部分分佈在縱貫南北的中央山脈各個部落，原住民原本靠打獵捕魚兼種小米和芋頭等作物維生。山豬是原住民主要的打獵來源，一個成年男子能捕抓山豬扛回部落被視為英勇的表徵，台灣高山中頁岩層的石板烏黑平整，除了拿來蓋石板屋也被拿來烹煮食物，因而石板烤山豬肉成為原住民最具代表性的美食。近年來野生動物日漸枯竭加上環保意識抬頭，要吃到真正的野生山豬肉已經不容易，不過養殖的山豬品種讓原住民情有獨鍾的石板烤豬肉得以延續。山豬肉和一般家豬比皮厚肉質緊實有彈性，石板經過火烤能均勻聚熱和有效保溫，因而烤肉表層炙燒效果明顯，有一股特別的焦香味。這和烤披薩一樣，最好的效果是用專業的窯烤爐，一般家庭烤箱沒有這種設備，也可以放一塊石板在烤箱中，再放披薩在石板上烤，讓餅皮表面有一種特別的焦香味。如今石板烤山豬肉除了在原住民部落之外，一般的夜市或廟會市集也常出現，有什麼比穿著短褲和拖鞋在墾丁大街吹著海風，迎著碧海藍天，邊走邊吃山豬肉配啤酒更令人愜意的呢！

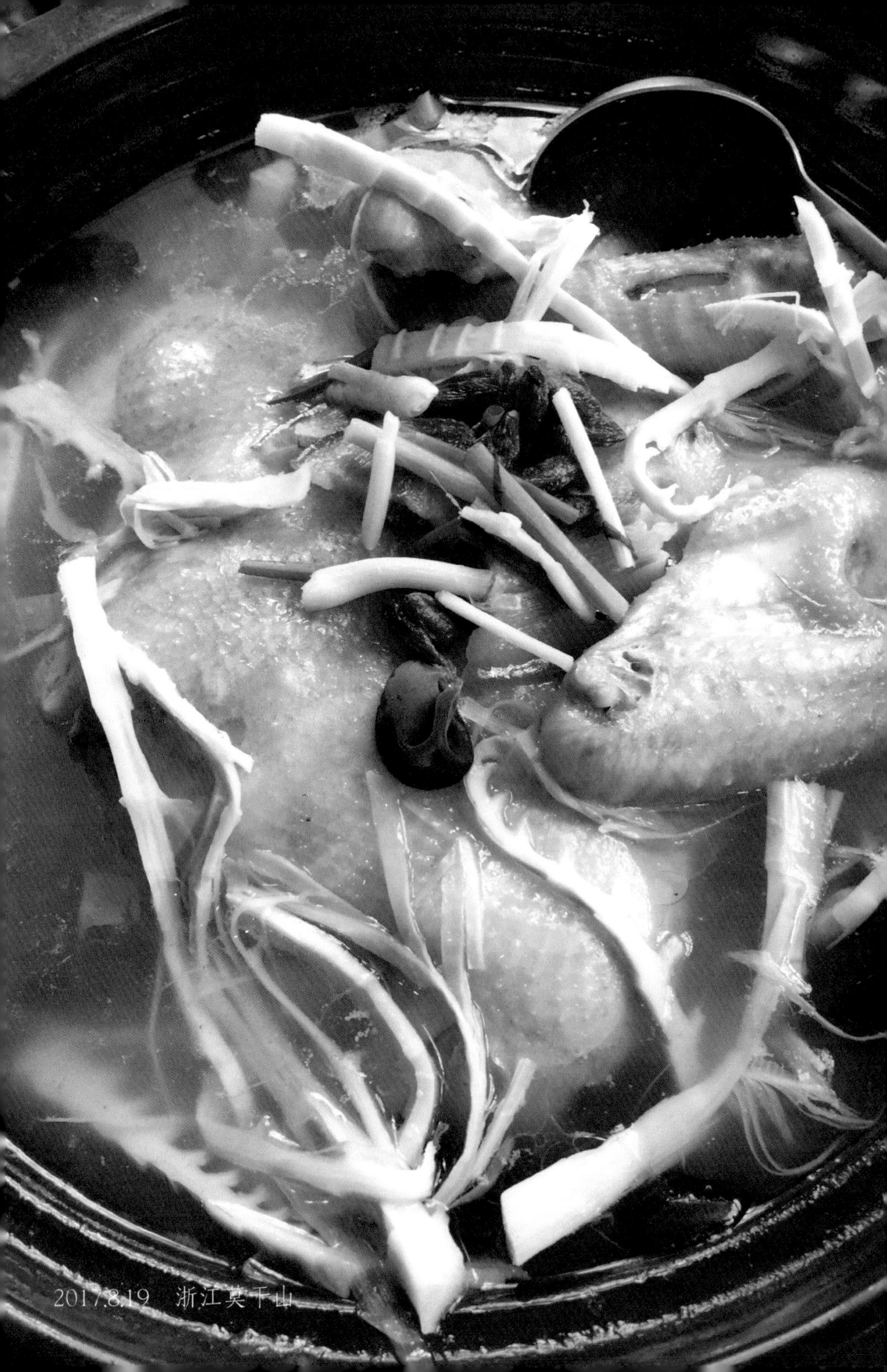
2017.8.19　浙江莫干山

莫干山下草雞湯

取名來自春秋吳王闔閭時代干將和莫邪煉劍傳說的莫干山位於浙江省湖州市，是中國著名的避暑聖地，這裡青山連綿，修竹吐翠，夏季氣候幽靜涼爽，早在清末民初就有名人顯貴以及外國洋人先後來此建別墅或寓居，蔣介石、宋美齡、毛澤東及周恩來等都曾下榻於此，留下一些足跡。莫干山森林覆蓋率極佳，登到山上眺望，竹林遍佈，蔥鬱無垠，是休閒養生的好去處，無怪前人趨之若鶩，而今人每到假期那是車水馬龍，人聲鼎沸，不過你要是擠得進來，往山上一鑽，就一切瞭然於胸，豁然開朗了。 玩完莫干山，下山途中找個好一點的農家菜吃吃，那兒最有名的當屬用竹筍乾和當地雞肉熬煮的草雞湯了，雞肉和酸筍及鹹肉的組合讓湯頭鮮美無比，另外還有紅燒河雜魚和酥脆鳳尾魚也不錯。到處旅行，人生地不熟，走到哪兒吃到哪兒，飲食有時變成一種冒險患難，但一到炎炎夏日有時總會想起莫干山，想起竹林，以及山下燉著竹筍的草雞湯，這應該是一道令人回味的美食了。

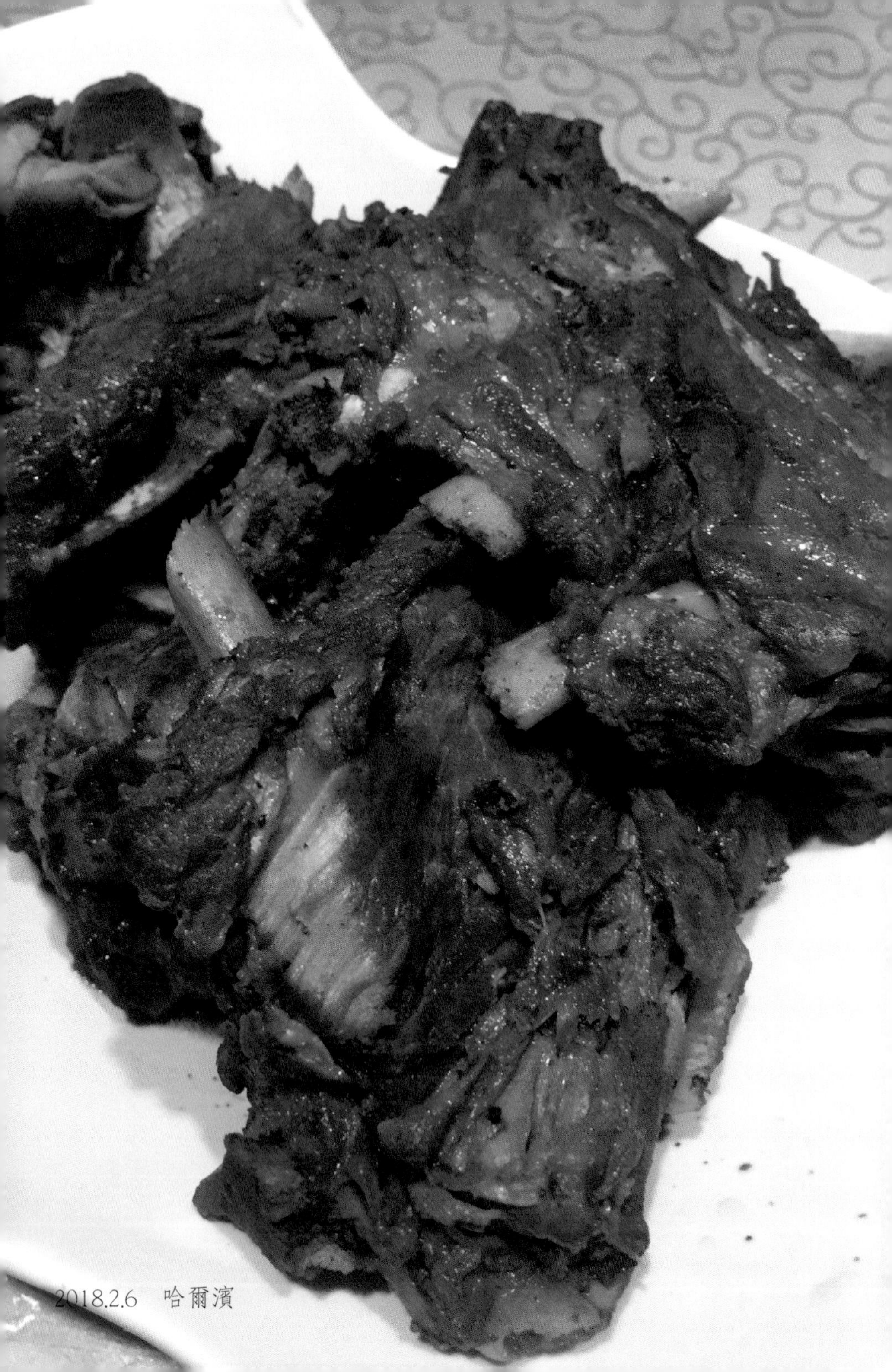

2018.2.6　哈爾濱

哈爾濱醬骨架

講到東北菜，很多人可能會想起東北餃子，小雞燉蘑菇，鍋包肉，殺豬菜等等，而我最喜歡是醬骨架了。只要到東北餐館或東北餃子館，必定會有這道菜，這道以豬脊梁骨加入醬油，糖和香料熬滷出來的美食，最能展現東北人那種豪邁粗獷的風味。這種脊梁骨斬件時一定要大塊且一定要帶肉，有些脊梁骨被肉販剃掉骨肉剩下薄薄一層的就不好吃了，大塊的骨架經過幾小時的滷煮鬆軟可口，香氣四溢，用手拿著骨頭就能輕鬆的把綿密的骨肉吃進嘴裡，不喜歡用手的拿筷子也能輕輕地把骨肉分離，如果需要用嘴啃或者用筷子不能輕鬆地把肉取出，說明這醬骨架不到位。 我在很多地方的東北館子吃過醬骨架，有些肉太少太乾瘦，有些肉只能咬出一部分，另一部分還緊緊的連在骨頭上，有些滷得太鹹等等問題不一而足。冬季到哈爾濱看冰雕我沒有點紅腸卻獨鍾完美的醬骨架，一手抓著骨頭大口吃肉，一手舉杯來口白酒，酒精和肉汁在口腔裡交融出一種豪情而激動的滋味，待會松花江邊零下三十度冰雕現場所需的熱能和勇氣，此刻也就具備了。

2017.8.16　浙江省紹興市

梅乾菜扣肉餅

在紹興旅遊我最感興趣的，除了陸游與唐婉在〈釵頭鳳〉一詩演繹的愛情發生地「沈園」之外，那就是晉朝著名書法家王羲之「曲水流觴」遺址——蘭亭。在參觀完沈園要驅車去蘭亭之際已近中午，中餐未用之前剛好在對面的魯迅故居旁邊有一家小店在賣梅乾菜扣肉餅，剛出爐熱騰騰的。肚子稍餓就買了一個暫時果腹，沒想一吃驚為人間美味，沒多久整個燒餅就此消滅。梅乾菜扣肉，我在很多地方都吃過，通常要配著白飯下口，第一次吃梅乾菜扣肉餅是在蘇州，但真正吃到這麼好吃的卻是在紹興，後來才知道梅乾菜扣肉餅的發源地正是浙江省。梅乾菜和帶肥的五花肉是絕配，五花肉糜和蔥油炒過本已油脂豐腴，香氣四溢，而梅乾菜洗淨切碎後一同混合巧妙地融合鹹鮮並消除油膩感，用這樣的餡料和麵糰揉合，如此製作而成的燒餅胚再貼在炭火爐四周烤製，這種餅外酥內軟，微鹹帶甜，吃起來滋味妙不可言。在紹興當然有很多美食，但我永遠忘不了，渴望去蘭亭向書法大師朝聖之前，一口接一口吞掉的那個回味無窮的燒餅。

2017.8.16　紹興鹹亨酒店

孔乙己茴香豆

中國著名的文學家魯迅後改名周樹人有一篇短篇小說《孔乙己》，描述清朝末年一個迂腐不得志的知識分子在封建主義的年代，本性不差但為生計所逼引發一連串可笑而悲慘的一生。這個帶著反諷和批判舊社會的故事裡面，主人翁孔乙己所發生的魯鎮酒店，便是今天的紹興鹹亨酒店。今天的鹹亨酒店除了有眾多江南美食如梅乾扣肉，蒸腌黃魚，水煮河蝦，香酥排骨之外，還依然按碗來賣黃酒，也依然賣著孔乙己在粉板上欠下十九個錢的茴香豆。暑假來此尋魯迅以及陸游和唐婉的遺跡，晚上在鹹亨酒店用餐，用碗喝著黃酒吃著茴香豆，想起孔乙己還把欠賬的茴香豆分給小孩，時光若能倒流，此刻真想替孔乙己還了十九錢，把這個沒有考上秀才的窮書生欠賬在粉板上的大名一筆抹去。

2017.8.23　無錫蠡園飯店

蠡園吃白水魚憶西施

蠡湖外接太湖，相傳春秋越國大夫范蠡助越王勾踐滅吳後，偕美人西施泛舟於此而得名，而蠡湖四季之美堪比杭州西湖。位於蠡湖之濱的蠡園是無錫太湖風景區著名景點，是一座中式建築庭園，裡面亭臺樓閣，柳堤蓮池，置身其中傍水眺山，美不勝收。 夏日至此，為了靠近蓮池拍一朵花開正豔的蓮花，竟然不慎失足落湖，雖然水深過腰，還好我本能地把我的尼康單眼相機緊緊抓在手上並高高舉向天空，總算有驚無險。驚魂甫定，簡單更衣之後，到蠡園正門旁的蠡園飯店用餐，太湖三白，銀魚炒雞蛋，鹽水煮白蝦，清蒸白水魚是當地經典菜餚。白水魚在江南很普遍，我在很多地方吃過，但一般都是整條清蒸，而蠡園飯店的白水魚是整條切段拼盤後清蒸，這是我第一次吃到比較特別的白水魚，除了造型驚豔，味道也非常鮮美，多少撫慰我剛剛落水受驚的心靈。其實白水魚皮膚細白明亮，身形修長優雅，嘴巴小巧玲瓏， 非常符合古代美人的特徵，如果把西施之美比作沉魚落雁，那麼這魚也必須是一條白水魚才夠格吧！

2017.5.28　蘇州香雪海飯店

香雪海清炒河蝦仁

香雪海初聽這個名字很優美但搞不懂是麼東西，其實香雪海真有這個地方，它位於蘇州太湖之濱的光福鎮鄧尉山一帶，自古以來，這裡遍植梅樹，每到冬末初春，梅花吐豔，從山上遠眺， 蕩漾如海。清朝年間康熙和乾隆都曾數度到此探梅題詩，而康熙年間的江蘇巡撫宋犖來此賞梅後題字「香雪海」三字被雋刻在此地崖壁，從此香雪海這個地名聲名遠播。每年初春梅花爭豔，都會在這裡舉辦盛大的梅花節活動，我初春也曾慕名至此探梅，登到山頭遠眺，眼前花海有如白浪湧動而且飄著淡淡花香，真正體會這個名字的由來。而香雪海這個優美的名字也被蘇州一家大型餐飲飯店註冊了，這飯店主要以蘇州菜和上海本幫菜為主，上海熏魚、松鼠魚、紅燒肉、響油黃鱔等都是名菜，但我喜歡它的清炒河蝦仁、蔥油蠶豆和蔥油拌麵。尤其清炒河蝦仁這道菜不簡單，河蝦相較海蝦個頭小但肉質白晰細嫩，一盤河蝦仁要用手剝好數百隻河蝦才能烹製，河蝦仁原本味道平淡清爽，吃的時候要一碗鎮江香醋淋著吃，那個蝦仁的味道瞬間被提升到清脆甜美的境界。

2017.5.5　蘇州樹山

樹山青團子

青團或稱青團子來源於江南一帶清明節祭祀祖先的食品，或因糰子皆用艾草或麥草等汁液混合曬乾的水磨糯米粉製作，成品呈現青色而得名。清明祭祖乃由晉文公因紀念功臣介子推死於火燒山而設寒食節演化而來，在古代清明節和寒食節各有節日，清明節祭祀祖先而寒食節禁火冷食，這兩個節日因為前後挨著，因此大約在唐朝就被合而為一，故清明節祭祖吃冷食變成一種民俗。 清明祭祖踏青（又稱踏青節）各地風俗相似但祭祖兼食用的冷食各地不一，江南一帶是青團而我的家鄉台南卻是潤餅（一種糯米皮包捲的餅），隨著時代演化，如今青團和潤餅皆已變成一種平時即可買到的民間小吃。位於蘇州西邊的樹山保留著傳統江南農村風貌，該地純樸謐靜，綠野盎然，以出產楊梅，水梨和綠茶出名。剛好靠近清明來此一遊，路邊農家即有出售青團，我在其它地方也吃過青團，有的皮不夠柔軟，有的內餡欠佳，而樹山農家青團一看外表青亮，買來一吃特別軟糯可口，裡面的餡料甜中帶鹹，是令人吃完還想下次再買的應節小點心。

2016.7.4　蘇州太湖西山

太湖三白和激浪魚

太湖位於江蘇和浙江兩省的交界，是中國五大淡水湖之一，「太湖美，太湖美，美就美在太湖水」，這首歌詠太湖之美的歌曲被很多著名的歌唱家傳唱過。太湖水域隨著四季和晨昏推移幻化出千變萬化的波瀾和顏色，而太湖水也哺育著廣大湖面下的各種魚蝦螺貝。在眾多太湖湖鮮中，號稱太湖三白的銀魚，白蝦和白魚最為出名，而其經典做法即是，銀魚炒雞蛋、鹽水煮白蝦、清蒸大白魚。銀魚體小，通透見骨，炒後柔嫩無刺，最適合小孩。 白蝦殼軟，煮後顏色晰白淡粉，吃起來清爽甜美。白魚白亮多刺，蒸後肉質細膩，油脂豐腴。還有長在太湖邊上的蘆葦，它的蘆葦嫩心可以拿來炒芥菜，最特別的是激浪魚豆腐湯，激浪魚這種魚名字取得極佳，魚刺特別多而且細小，但肉質特別細嫩，味道特別鮮美，不是吃魚老饕的話不敢品嘗這種美味。夏日炎熱，夕陽西下之際在太湖西山找一家臨湖視野的農家樂，涼風拂面，湖光湛藍，眺望遠山燈火點點，人生有什麼比在太湖湖畔品太湖三白和激浪魚更令人滿足的呢！

2017.3.5　蘇州太湖新天地

太湖邊的下午茶

在蘇州太湖濕地公園附近的太湖新天地是一個免費開放的生態公園，裡面大部分是木造建築，臨湖有木棧道可以任意行走，在此可以眺望太湖的碧波萬頃，湖天一色。濕地公園玩累了，來這裡最適合來個下午茶，閒坐談天，沐浴湖風，然後靜靜等待夕陽霞光灑滿湖面， 畫下太湖一天悠遊完美的句點。 裡面有一家亦熹茶坊，有咖啡和英式下午茶，還有西式簡餐和點心，這家餐點帶著浪漫的青春氣息， 歇腳和解渴之餘，令人精神愉悅。離開前暮色已臨，佇倚在外面木棧道的欄杆上，腳下清澈的湖水裡水草飄搖，小魚嬉遊，而遠處湖面蘆葦蕩漾，野鴨沉浮，偶有歸鳥劃過天際，感覺此刻天高地迴，而人渺小於太湖廣闊的懷抱。

2017.7.21　蘇州楓鎮大麵

蘇州楓鎮大麵

蘇州楓鎮大麵可以說是蘇州市最出名的麵點了，楓鎮即楓橋古鎮位於大運河，古驛道和楓江的交匯處，唐代詩人張繼的名詩〈楓橋夜泊〉：「月落烏啼霜滿天，江楓漁火對愁眠。姑蘇城外寒山寺，夜半鐘聲到客船。」詩中故事發生的場景就在楓橋鎮。楓鎮大麵又稱楓鎮白湯大肉麵，其特點是湯色澄清，麵條細白，五花肉大塊軟爛，講究的店家麵條出場整齊排列，有如鯽魚之背。 傳統白湯是不加醬油的，一般用豬骨、雞骨、黃鱔骨、蝦頭、螺螄肉等熬煮吊成，顏色看似清亮無奇，但嘗起來味道鮮美無比，而紅湯麵則有加過醬油。澆頭即放在麵上的配料，基本是和麵分開出售的，一般有大肉即大塊五花肉、清炒河蝦仁、雪菜毛豆、爆魚等。楓鎮大麵店家很多，比較出名的有同得興，裕興記等。我吃過豪華版的楓鎮大麵，澆頭是大肉加河蝦仁，也和好友SY及施員外吃過位於十全街的同得興，麵館環境優雅，難得的是剛好坐在小河上面的長廊吃麵，還可以眺望遠處的河水慢慢的流過腳下，留下一個不可重來的畫面和回憶。

2017.9.13　蘇州閶門

護城河畔吃泡椒藕帶

閶門是蘇州古城八門之一，位於古城西北，這裡和蘇州著名的七里山塘僅一條護城河之隔。《紅樓夢》作者曹雪芹曾在書中寫道：「閶門最是紅塵中一二等風流富貴之地」，明代唐寅也有詩作〈閶門即事〉寫道：「世間樂土是吳中，中有閶門更擅雄。」以上都足以說明昔日閶門是蘇州古城商業和娛樂的繁華之地，如今這裡依然繁華熱鬧，遊人如織，沿著護城河畔更是餐館林立。剛剛入秋，陽光依然明媚，到此一遊，選一家臨河餐館用餐，很幸運室外剛好有位，點了一些江南家常菜，醬牛肉、千頁豆腐、雞頭米炒藕片，讓我好奇的是竟有泡椒藕帶這道菜，藕片和藕湯平時比較常吃到，但藕帶卻是較少碰到。藕帶古稱藕鞭是蓮花長在水裡的幼嫩根莖，也就是還沒長大的蓮藕。把藕帶切段經滾水燙過撈出，放入指天椒、鹽、糖、生薑、大蒜、白醋加以浸泡兩日即成。 泡椒藕帶看起來白嫩細緻，吃起來酸辣爽脆，是非常開胃及解油膩的小菜， 看來我又虜獲了一道新美食名單。 坐在護城河邊上，堤外流水蕩漾，頭上翠柳飄搖，再來一杯啤酒，真是人生一大樂事也。

2018.3.13　武漢江岸區

武漢藕湯排骨

武漢這個臨長江的碼頭城市，自古水路交通發達，有九省通衢的美譽，位於長江邊上的著名景點當屬黃鶴樓和晴川閣，而其中漢口江岸區的江灘公園江邊堤岸腹地寬廣，垂柳成蔭，初春來此漫步其中，江風涼爽，視野寬闊。順著對面的沿江大道，路上有很多老建築很像上海外灘的景緻。從沿江大道拐入一條黎黃陂路，這裡適合步行，兩邊有許多民初古老建築頗有復古風味，老建築被用來經營茶館和咖啡館居多，也有一些餐廳。選一家小餐館，點幾道武漢道地美食，本來要點武漢名菜清炒紅菜苔，但老闆說時節已過換白菜苔登場，但依然脆嫩好吃，點了泡椒藕帶炒蝦仁也非常爽脆可口，最後上桌是藕湯排骨，喝一口湯再吃一塊藕，哇！這才是我翹首期盼的經典美食啊！藕湯排骨我在很多地方吃過，也自己煮過，但從來沒有像武漢這道菜這麼好吃， 湯頭鮮美，藕塊軟糯綿密，我琢磨著武漢蓮藕特殊的地理環境，應該是造就這道無以倫比美食的秘密武器。

2017.11.8　蘇州陽澄湖蓮花島

陽澄湖大閘蟹

近年來江南每到中秋，除了賞月，吃大閘蟹蔚成風潮，而位於蘇州市東北的陽澄湖儼然已是大閘蟹的代名詞，大閘蟹得名於陽澄湖一帶水域，昔日農民用竹編製的竹閘阻於港灣捕抓毛蟹。而「蟹」字這個由來，相傳是大禹派一個叫巴解的人在陽澄湖水域一帶治水，因田野水渠中有一種夾人蟲眾多傷人，巴解命人煮水澆灌後蟲死但味香，食之而覺味美，後人為了紀念巴解制服了夾人蟲，在其名字「解」下加一個「虫」，成為「蟹」字的由來，陽澄湖之濱的昆山市巴城鎮也是紀念巴解而命名。陽澄湖大閘蟹之所以聲名大噪，得力於湖水清澈，湖底多細石而少污泥，這裡產的大閘蟹有青背、白肚、黃毛、金爪之特徵，每年農曆九月三兩左右的雌蟹以及農曆十月四兩左右的雄蟹最是美味，腹蓋雌蟹為圓而雄蟹為尖，故又有九圓十尖之說。大閘蟹一般以清蒸或水煮來料理，吃的時候要先除去其腮、心、腸、胃等污物，其中公蟹的膏和母蟹的黃最是人間美味。秋末為了吃大閘蟹專程跑到陽澄湖蓮花島，那裡有許多農家樂蟹莊，要先打電話預約再由碼頭搭快艇去蟹莊。深秋時節島上稻禾金黃，菊花亮麗而蟹正肥，與知己好友把酒持螯，人生一大樂事也。

2017.11.26　蘇州木瀆

江南大院的芝麻球

木瀆這個位於蘇州西南的古鎮，因春秋時代吳王夫差在今靈岩山山上替西施建館娃宮，竟使沿著河道水運而來的大量木材塞瀆於此而得名，清代乾隆下江南也曾六度來此。木瀆古鎮如今是蘇州旅遊的重要景點，古鎮小橋流水，庭園亭台樓榭，建築古色古香。古鎮附近有一家江南大院，裡面是江南仿古建築，很有流水人家的特色，還可以在船上用餐，這裡主要是蘇州特色的菜餚，點菜要到中庭的食物展示區，現看現點非常熱鬧。其中有一些菜比較特別，豆皮是現場熬製的豆漿撈出的新鮮奶皮，紅燒河鰻是活鰻現點現稱，最特別的當屬廚師現場製作的超大芝麻球。廚師把一個糯米糰子放入熱鍋的油裡炸，用一把漏勺不時地翻滾糰子，糰子受熱膨脹隨著時間翻滾越變越大，這個近似魔術般的表演吸引了眾多小孩和大人的目光，直到芝麻球漲到像一個氣球又圓又大才此打住收工，大芝麻球上桌之際，大人小孩皆是驚喜連連。 滿足視覺之餘，這芝麻球吃起來有點油，但是香甜軟糯，也替愉快的晚餐留下驚豔一瞥，我想這應該會替人生留下一次難得的回憶。

2018.1.20　南京大排擋

南京鹹水鴨

南京這個六朝金粉的所在地，原本龍蟠虎踞，紫氣蒸騰，相傳秦始皇兼併六國一統天下之後，聽信風水方士之言，派人挖掘紫金山斷其龍脈，以防王者再出，後來在南京建都的王朝國祚都不長。 南京地處江南水域，河流湖泊交錯，自古養鴨繁盛，而南京人喜歡也最會吃鴨，早在朱元璋定都南京建立明朝，這裡就盛行以鴨烹製的鴨宴。南京氣候溫暖，夏日更是如同火爐，鴨以水煮為主，燕王朱棣篡位後移都北京建立紫禁城，北方氣候寒涼，鴨性也偏寒，因此皇家御膳改用火烤，形成今日著名的北京烤鴨。南京把鴨做成各種料理，桂花鹽水鴨、老鴨煲、老鴨粉絲湯等等都是名點。位於秦淮河畔的南京大牌檔，幾乎集合了南京的各種美食於一店，這裡總是高朋滿座，人聲鼎沸，用餐要排隊拿號，然後等叫號入座。冬末來此，搶到座位，裡面熱鬧滾滾，還有評彈演出，男彈三弦，女奏琵琶。點了最有名的南京鹹水鴨，蟹粉湯包和其他小點，湯包用湯匙盛著，先咬一個小口吸吮裡面湯汁，味道甜美，再連皮帶肉吃下。鹹水鴨肉質肥美，並不會太鹹，帶著花椒和桂花的香味，真是美妙無比，飯後乘船夜遊秦淮河，不思秦淮八豔，卻一再回味起大排檔，鹹水鴨。

2016.8.2　蘇州

雲南汽鍋雞

我在雲南、武漢和北京吃過幾次雲南菜，但對雲南菜並不熟悉，印象中就是臘肉和烤魚之類，後來在蘇州吃雲南菜，點了火焙魚炒辣椒、石榴花炒臘肉、竹筒飯和汽鍋雞，最後發現汽鍋雞最具雲南特色。這汽鍋雞是把雞肉以及雲南特產天麻和竹蓀以及薑，枸杞等配料放入一個陶製的小汽鍋中，蓋好蓋後放入一個加滿水的湯鍋上，鍋蓋好把水煮滾，湯鍋之內的蒸氣沿著小陶鍋底部中間的氣孔，進入把食材蒸熟最後留下湯汁。由於食材不加水，完全是靠水蒸氣直接烹熟，因此吃起來湯汁鮮美，保留了食材的原汁原味，這道菜因為烹調方法已經相當獨特，只要選好雞肉和配料做出來必然味道迷人。汽鍋雞被雲南人視為滋補的一道菜餚，因此除了雞肉，也加入各種中藥材來烹製，不管補不補，反正提到雲南美食第一滋味，我就想起汽鍋雞。

2017.1.19　南投微熱山丘

第一伴手禮鳳梨酥

台灣稱拜訪親朋好友隨身攜帶的禮物叫「伴手禮」，而說起伴手禮，近年來最受歡迎，堪稱台灣第一的非鳳梨酥莫屬。鳳梨在大陸稱菠蘿，屬於熱帶和亞熱帶水果，而位於台灣南投的八卦山台地，特殊的紅土地質加上日照充足，造就俗稱「土鳳梨」的開英二號，三號鳳梨品種獨特的風味，其特點是纖維粗，酸度足，風味濃郁。土鳳梨由於酸度較多，在直接食用方面漸被放棄而改用金鑽鳳梨等改良品種，而台灣早期的鳳梨酥大部分都加入冬瓜當餡料，故甜而寡味。從南投八卦山脈三合院發跡的許老闆，原是從事電子產業，成立「微熱山丘」後以土鳳梨為基礎原料加上其他高品質的食材，造就一塊塊宛如金磚一樣的糕點，大受消費者歡迎，其老家三合院，每到假日前來朝聖購買的人潮，每每大排長龍，把整個院落和馬路擠得水泄不通。我也是微熱山丘的忠實粉絲，每年都要購買很多盒自用和送人。這鳳梨酥奶油香氣迷人，足夠的酸度平衡了甜度，吃起來口頰留香而且不膩，搭配台灣高山茶那更是一流，這個如黃金般色澤的糕點做為伴手禮，我想分享好東西給好朋友的這份心意，絕對足夠。

2017.3.18　鹿港蚵仔煎

鹿港蚵仔煎

牡蠣台灣稱蚵仔，福建稱海蠣，廣東稱蠔仔，而老外稱生蠔，雖然品種不一，但都是同一種海產，它原本是由海中的浮游生物寄生在礁岩形成的一種貝類，但現在大部分靠人工養殖，料理方面，老中以熟食為主，老外卻熱衷生吃。台灣對牡蠣的料理，有蚵仔煎、炸蚵仔盒子、蚵仔麵線、蚵仔米粉和蚵仔湯等，其中最出名的當屬蚵仔煎。蚵仔煎的做法是平底鍋放油燒熱，放入蚵仔，再澆入由番薯粉，太白粉及麵粉調成的粉漿並平攤，打一顆雞蛋平攤於粉漿上，再放入小白菜等青菜，兩面煎熟出鍋盛盤，最後淋上特製的甜麵醬。鹿港這座台灣早期第二繁華發達的城市位於台灣西部海岸，恭奉福建湄洲媽祖的天后宮始建於明末清初，是當地居民的信仰中心，也是很多遊客朝聖膜拜的旅遊據點。因近海之便這附近盛產牡蠣，在天后宮周圍就有很多店家現做蚵仔煎，在迎神賽會或廟宇間的交流活動時，這裡善男信女或四方遊客絡繹不絕。來這裡除了拜神祈福，參觀四百多年的古蹟之外，絕對不能錯過鹿港的著名小吃「蚵仔煎」，這蚵仔煎不但很有海味，也承載著一座海港城市濃厚的歷史人文風味。

2017.2.3　臺北故宮晶華

臺北故宮的藝術饗宴

位於士林外雙溪的臺北故宮博物院，匯集了中華民族智慧和藝術的結晶，這座博物院的館藏和國寶，在歷經對日抗戰和國共內戰的顛沛流離，從北京到上海，從上海到南京，從南京到重慶，從重慶又回南京，最後在烽火漫天中又輾轉運到臺北。臺北故宮每天遊客絡繹不絕，大家都想一睹所謂故宮鎮館三寶，按照故宮的鎮館三寶都是畫作，分別是范寬〈谿山行旅圖〉，郭熙〈早春圖〉，李唐〈萬壑松風圖〉，但在一般中外遊客的心目中，他們的故宮鎮館三寶卻是毛公鼎、翠玉白菜和肉形石，我是去看著名的明成化雞缸杯，順便也擠了很久去目睹一下老百姓心目中的鎮館三寶。逛完也餓了，還好院區內有一家晶華酒店的餐廳，點了很有人氣的「寶鼎牛肉麵」，典型的臺灣牛肉麵風味，但用很像毛公鼎造型的白色瓷碗來盛裝，顯得很有帝王氣勢。另外點了御寶盒下午茶點，由九宮格木盒盛裝的各式鹹甜口味小點心，精緻而小巧，其中還包含了翠玉白菜造型的甜點，這吃在嘴裡的美食和故宮館內的國寶相互輝映，真是讓胃腸和心靈都充份浸淫在一場令人驚豔的藝術饗宴裡。

2017.10.10　臺北傑米・奧利佛餐廳

傑米・奧利佛的美食

傑米・奧利佛（Jamie Oliver）的餐廳終於在臺北開幕了，做為他的粉絲，雖然不能親自品嘗他做的菜，但能到他開的餐廳用餐，也算是多少了了一點小小的心願。英國人傑米・奧利佛，學生時代求學並不順利，後來到倫敦的飲食學校就讀，在倫敦工作時被電視製作人發掘，他拍的《原味主廚奧利佛》在電視播出後，率真風趣的做菜風格以及簡單美味的料理，深受觀眾的喜好，從此聲名大噪。他曾到學校去指導小學生的伙食料理，並且開設Fifteen（十五）慈善餐廳，親自訓練貧窮青年，讓他們有機會進入餐飲行業。他也旅行世界各地去學習和交流烹飪技術，出版很多食譜和拍攝很多影視節目，最後在世界各地開了幾十家餐廳，我因為經常看他的影視節目並買了他的書籍在家自己練習做菜，最後變成他的忠實粉絲。傑米・奧利佛擅長義大利和歐非料理，到臺北的傑米・奧利佛餐廳，自然不能錯過義大利麵，披薩和牛排，他的綜合手工麵包也很到位。一個作家或藝術家的作品可以代表他的風格，料理和美食一樣反映了一個廚師的天賦和品味，我喜歡上他的料理多少和他有一些相似的特質吧！

2018.2.21　澳門媽閣廟船屋葡國餐廳

媽閣廟旁吃葡萄牙料理

澳門這個位於廣東珠海東南的半島，從1887年被葡萄牙人佔領殖民到1999年回歸中國，在戰火洗禮，中西文明衝擊，到最後進入改革開放，歷經了一百多年。如今澳門酒店和娛樂事業發達，已是著名的世界四大堵場之一，大部分來澳門的遊客大多懷有試試手氣的發財夢。 除了紙醉金迷的賭場，來澳門遊客都會去位於澳門炮台山下的地標性建築-大三巴牌坊，這個石雕精美的牌坊原是天主教聖保祿教堂，後來毀於戰火，只剩下目前的遺跡。澳門名字的由來和當地水域盛產蠔（牡蠣當地人稱蠔）有關，而英文名Macua乃是「媽閣」的葡萄牙語譯音，明嘉靖年間，葡萄牙人開始從今媽（祖）閣廟附近登陸，問當地人此地何處，當地人皆曰：媽閣。初次到澳門沒去賭博，除了逛古蹟並品嘗澳門著名手信「鉅記杏仁餅」之外，倒想吃一下葡萄牙料理，沿著彎曲起伏的小路來到一家位於媽閣廟附近的「船屋葡國餐廳」，餐廳不大，很多人排隊，還好事先打了電話預約。點了橄欖油香蒜炒鮮蜆，葡式海鮮燉飯和燜燉牛尾，味道很是正宗的南歐風味，雖然位小人擠，好吃的料理又替我吃貨的世界美食增添一個記錄。

2017.1.19　日本北海道支笏湖

支笏湖邊吃義大利餐

位於日本北海道千歲市的支笏湖是日本第二深的淡水湖泊，這裡山巒圍繞，湖水清澈，景色優美，冬季環山飄雪，湖岸四周更是積著厚厚一層白雪。冬日來此旅遊，天寒地凍還好陽光時而顯露增添一點暖意，而湖泊遠山的天空變化無常， 雲團不時聚散離合。在這樣天寬地廣的白色世界裡，湖岸邊開著一家義大利餐廳著實令人驚喜， 靠著窗邊的座位可以從明亮的玻璃窗透視湖岸以及松樹上的厚重積雪，更可以眺望湖泊遠處的山巒，一片白雪蒼茫。陽光穿透進來，讓餐桌上的義大利麵感覺可口而溫暖，而水杯水面暈出一片彩虹般的光跡，令人視覺夢幻，西餐美味而精緻，假如不是時間有限，我都捨不得吃掉那白色磁盤上盛裝的甜點，那可可粉灑滿的奶酪似乎呼應著遠處山頭高高的雪花。湖泊、遠山、天空多變的雲彩，白雪、蒼松、彩虹幻化的水面，義大利麵、可可奶酪、陽光滲透的美食，在支笏湖邊的午餐真是一個令人難忘的冬日記憶。

2016.8.10　新竹縣獅頭山

獅頭山上的野餐

獅頭山位於新竹縣和苗栗縣的交界，海拔不到五百米，從遠處眺望形狀似一隻獅子因而得名，是早年台灣名列的十二勝景之一。獅頭山也是著名的佛教曹洞宗的道場，其中寺庵十餘座分散在整個山中，獅頭山除了林木蔥鬱，山中步道連脈，有獅山古道，六寮越嶺古道，藤坪步道和水簾洞等四大古道，來這裡登山健行，暮鼓晨鐘之中可以拂拭身心的塵埃。我喜歡獅頭山除了地點離住處不會太遠之外，這裡山中幽靜，空氣清新，每年四五月桐花盛開，山頭翠綠、雪白點綴，而山中小徑落花如白雪紛墜，非常詩情畫意。我和五弟常相邀來此尋幽探訪，通常自備乾糧以及簡單的水果，麵包和茶水，從峨眉這頭往南庄方向走，過了望月亭，往山下走會經過一個懸崖大峭壁，石壁上有一些名家的石刻，我最喜歡其中民國十七年雲林縣詩人吳景祺的題詩：「山色蒼蒼聳碧天，煙波江上泛漁船，詩情好共秋光遠，洞壑鐘聲和石泉」。抬頭仰望峭壁吟誦詩作之後，沿著青石台階拾級而下，在半山腰處來到一張青苔斑斑的石桌，四周還有石凳，這裡便是我最鍾意的野餐地點了。在這裡休息午餐，喝口茶水，四周綠樹掩映，蟬鳴鳥叫，輕風吹拂，宛如仙境，此刻，人間塵囂殆盡，我都想不起城市長什麼樣子了。

2017.10.1　新竹縣五指山

巨石上的午餐

新竹縣的五指山海拔一千米左右，因山形似五指相連的山峰而得名，位於竹東，北埔和五峰三鄉鎮的交界處，是台灣早期全臺十二勝景之一。從第一個山頭拇指開始爬起，上下起伏一直爬到尾指，再尋原路回來一共大約花費五至六小時，上山一定要自帶乾糧茶水，否則沒有任何地方可以補給。我和五弟也常邀約去爬五指山，自帶簡單水果、麵包和茶水，從拇指第一個山頭開始爬起，途中林木茂盛，樹蔭濃密，盛夏之際這裡是很好的避暑之地，山中霧嵐瀰漫，山頭涼風陣陣，宛如置身天然冷氣之中。山中小路多處都是直接在石壁上鑿出的階梯，山路蜿蜒到食指和中指的山頭中間有一處山坳，這裡視野極佳可以眺望遠處山谷，還可以看到山谷中的幾戶人家。這個山坳處有一個天然巨石平台，這裡便是我屬意的天然野餐桌，五指山的五個山頭腹地狹小，這裡是唯一最寬闊的平台，在這裡閒坐，夏蟬在樹梢做最後的鳴叫，響徹整個山谷。輕風吹拂，野花開在四周，午餐雖然簡陋，這比五星級飯店的美食和包廂還要享受，我都快陶醉了，隱約想起我的偶像李白的〈將進酒〉：「……鐘鼓饌玉不足貴，但願常醉不願醒……」，此刻，雖然無酒也要以茶代酒敬詩人一杯。

2012.2.28 馬祖

馬祖繼光餅

馬祖是位於臺灣海峽北方的島嶼群，面對閩江口和連江口，和大陸僅一水之隔，近年很多遊客來這裡看一種生長在海岸礁石晚上會發光的海藻「藍眼淚」。這裡以前是兩岸對峙的最前線，留下許多當年冷戰時期的遺跡，冬日來馬祖，海風強勁，氣候寒冷而潮濕，每到用餐時間總是飢腸轆轆，還好馬祖特色小吃不少。淡菜或稱貽貝，白酒蒸貽貝是歐洲經典海鮮，台灣本島沒有生產，在台灣吃到的大部分是從國外冷凍進口，全臺只有馬祖海邊礁岸有養殖，幸運能在這裡吃到新鮮的白酒蒸貽貝。馬祖盛行老酒，這種用紅麴發酵的糯米酒，色澤偏紅透亮，香氣迷人，味道酸甜可口類似黃酒， 但比一般黃酒好喝多了。最有名的小吃當屬有馬祖漢堡之稱的繼光餅或簡稱光餅，這種餅以麵粉加鹽發酵做成圓餅，中間掐出一個小洞，撒上白芝麻後加以烘烤或油炸而成。相傳這源於明朝武將戚繼光於閩浙一帶圍剿倭寇時士兵的行軍乾糧，中間那小洞可以用繩子把餅串起來掛在身上，方便作戰時食用。此地天風呼嘯，海浪洶湧，寒氣漫流，吃上繼光餅配酒蒸貽貝，再來一杯馬祖老酒，身心一下溫暖起來，最後打包了六瓶老酒回台，總算不虛此行了。

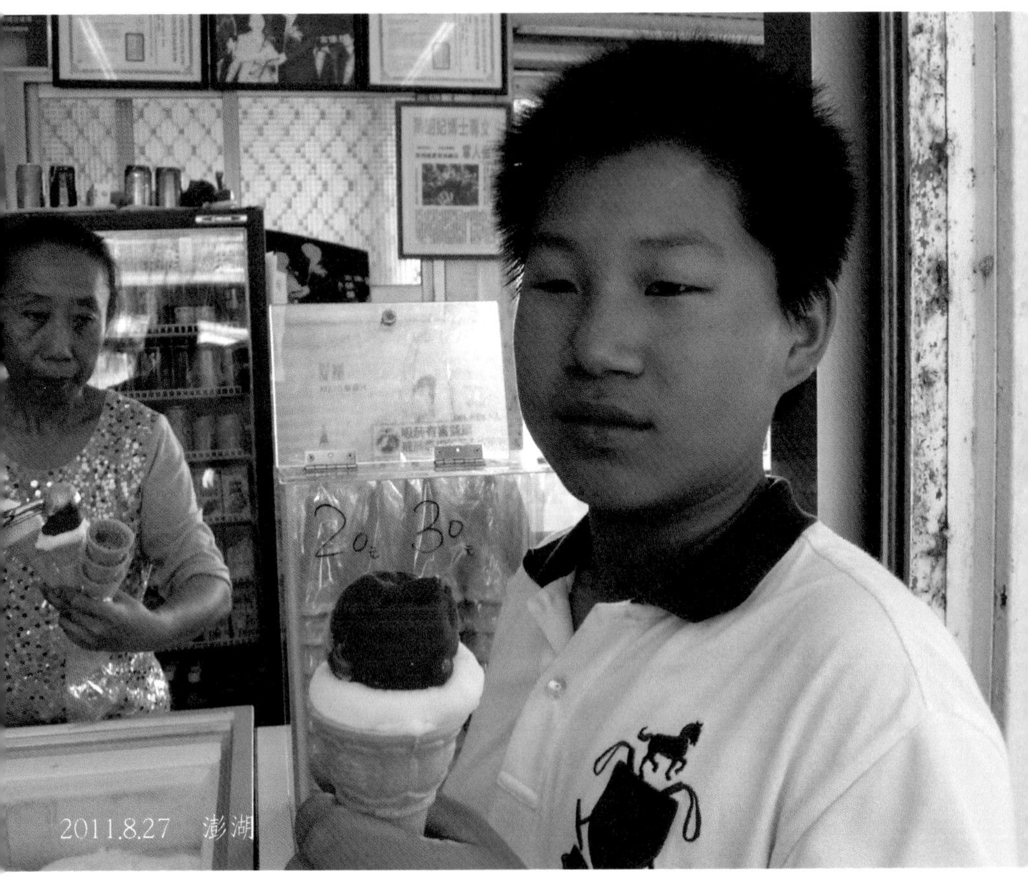

2011.8.27 澎湖

仙人掌冰淇淋

很多人來澎湖是去看「雙心石滬」的，這是以前澎湖先民的智慧結晶，漁民們在海邊礁岩錯落的淺灘附近，利用石頭堆疊成兩個心形的圍欄，靠著海潮的起落將跑入圍欄的魚蝦困住而加以捕獲， 現在捕魚功效漸失，倒是湛藍的海水把兩個堆疊的石滬，演化成愛情心心相印的表徵。除了雙心石滬，玄武岩、矢車菊、白沙灘、烤生蠔、金瓜米粉和澎湖海鮮等都相當有名，當然有很多人慕名跑去蔣經國生前常常光顧的那家餐廳「清心飲食店」。澎湖的玩法和台灣很多小島類似，過了十月海風漸強，不好玩，最好是夏天前後的中間區間，即每年四月到九月，穿著短褲和拖鞋，租輛摩托車環島到處亂逛，騎到哪兒看到哪兒，晃到哪兒吃到哪兒。澎湖海島氣候，常見民家屋旁種著日日春，矢車菊和仙人掌等耐旱耐鹹的植物，仙人掌會開黃色的花而且結綠色的果實，果皮綠色但果肉卻鮮紅無比，店家把果實外表的刺小心除去，利用鮮紅的果肉做成酸甜可口的冰淇淋。這是在澎湖才吃得到的獨特口味冰淇淋，坐在屋簷下，陽光燦爛，海風吹拂，眼前跨海大橋一路深入藍色的海洋，拖鞋上的雙腳漸漸演化成海島特有的顏色，此刻，正需要來一份仙人掌冰淇淋。

2014.9.16　武漢

武漢老豆腐

自從漢朝淮南王劉安發明豆腐開始，豆腐歷經兩千年後，在中國人的菜單裡從未間斷，而且以豆腐做成的菜餚種類更是繁盛空前，什麼麻婆豆腐、客家釀豆腐、蟹黃豆腐、紅燒豆腐、豆腐魚頭湯、蝦仁豆腐，小蔥拌豆腐、炸豆腐等等真是不勝枚舉。豆腐作為老中很重要的植物蛋白來源，發展到今天連老外都慕名而食，但現在市面上的豆腐良莠不齊， 很多超市賣的盒裝豆腐，裡面甚至沒有半點大豆的成分，吃起來根本一點豆味都沒有，於是常常會想念起以前那種帶著濃濃豆味貨真價實的老豆腐。有一次到武漢出差，在一家「老村長餐廳」用餐，看到菜單上有老豆腐這一道，隨即興致盎然地點了一份，菜品出來極為簡樸，方方正正的豆腐，表面煎得微黃，帶著少許湯汁，上頭撒著幾粒蔥花。還沒下箸已經可以聞到一股濃郁的豆味，夾一塊入口軟硬適中，口感綿密，味道在口腔裡攪揉流動，這是已經久違的想念味道，我常想何謂美食？令人懷念應該是一個標準，但簡單而令人懷念應該是一個更高的美學標準吧！

2010.11.5 陝西扶風縣法門寺

乾縣鍋盔大餅

我這輩子吃過許多大餅，小時候吃的台式喜餅叫大餅，後來到新加坡吃過印度大煎餅，餅很大但很薄，吃過山東千層餅，餅很大但厚度也只有一到二釐米，直到我在法門寺門口遇到乾縣鍋盔這種大餅，又大又厚簡直像一個小轎車的輪胎，當時錯愕之餘驚為怪物，後來才知道它確實是陝西八大怪之一。我是從西安專門跑去其西邊的扶風縣參訪著名的法門寺，法門寺1987年在其地宮中出土唐朝的眾多寶物，包括唐朝最珍貴的瓷器，南方越窯出品的祕色瓷，而其中佛指舍利的出土，更讓法門寺一夕之間舉世注目。乾縣離法門寺不遠，這個縣因唐朝在此修建乾陵（武則天和唐高宗李治的合葬墓）改名而得，相傳大量修建乾陵的民工和士兵因伙食難以供上，因此他們把簡單的麵糰利用頭盔代替鍋子來烙餅，做出來的餅因形似頭盔，因而此種大餅就叫「鍋盔」。此種大餅以麵粉、水和鹼製成又大又硬的麵糰，然後放入平底鍋，火不能太大，不時的轉動和翻面，最後烙成像一個輪胎一樣的大餅。此種餅非常扎實耐飢，因為太大一般論斤切開來賣，吃的時候最好配以湯水，否則會噎著出人命。我從小喜歡吃餅，只要有我沒嘗過的餅都要買來一試，這乾縣鍋盔算是我吃過最大的超級大餅，因而法門寺在我的記憶裡，除了祕色瓷、唐朝玄奘法師的佛骨舍利，必不會漏掉這個大鍋盔了。

2013.9.12　周莊

周莊萬三蹄

周莊位於蘇州市東南，地處昆山、吳江和上海三地交界，和同里、西塘、烏鎮、南潯、甪直並稱江南六大古鎮。周莊古鎮，四面環水，民屋白牆黑瓦，百姓枕河而居，這裡江河交錯，街道沿河而建，各種形狀的石橋跨水相連，這裡是古典的江南水鄉，很多著名的畫家包括吳冠中都曾以周莊為題創作。周莊著名的景點有雙橋、沈廳和張廳等，其中沈廳是由明朝江南巨富沈萬三的後裔於清乾隆年間所興建。講到周莊最有名的餐點，那就是以沈萬三之名而起的「萬三蹄」，萬三蹄就是以帶皮豬肘用醬油、鹽、糖、蔥、薑、桂皮、花椒、八角、黃酒等多種香料和配料紅燒烹製的蹄膀，色澤紅亮，香氣濃郁，酥爛可口，周莊古鎮內大大街小巷都有出售，是到周莊必吃的名菜。這道菜是巨富沈萬三家中請客必備的名菜，所謂家有宴席，必有酥蹄，相傳朱元璋曾到沈萬三家做客，沈萬三就用這道菜招待過皇帝，萬三蹄雖然好吃但沈家富可敵國，最終死於皇帝的猜嫉之心。現在萬三蹄已是周莊家家戶戶過年和宴客的美食，不用再管歷史的紛紛擾擾，遊玩周莊順便再吃個萬三蹄回去，雖然不能成為真正巨富，也算品味一回江南富貴人家的美食是怎麼一回事了。

2013.9.11　同里

同里雞頭米

同里位於蘇州市吳江區，宋代開始建鎮，小河貫穿整個鎮上， 古橋高達幾十座，是典型的江南小橋流水人家。主要景點有退思園、明清街、耕樂堂、濕地公園等，其中最有名當屬建於清光緒年間的退思園。退思園乃清光緒年間，時任安徽兵備道的任蘭生被舉報彈劾後落職回鄉所建的私家園林，名字取《左傳》:「進思盡忠，退思補過」之意，園內廊亭軒榭，假山魚池，花草錯落，非常典雅。同里盛產芡實，芡實是一種睡蓮開花後結的果實，因果實狀似雞頭而得名。果實成熟後打開外皮裡面有許多小珠狀的種子，把每顆種子剝除外殼才能取出白晰如玉的芡實，芡實也是有名的中藥材，曬乾磨粉加糖和桂花又可以製成有名的桂花芡實糕。芡實之取得過程很費人工，因此價格不便宜。初秋時節一遊同里，剛好碰上芡實收獲，家家戶戶忙著剝芡實，因而剛好有新鮮芡實可吃，找一家小館臨河而坐，點了芡實炒菱角、狀元蹄（類似萬三蹄但口味不太一樣）和銀魚炒蛋，順便來一瓶同里當地黃酒「同里紅」，雞頭米肯定要吃到一粒不剩，因為親眼目睹過農家的「粒粒皆辛苦」。

2013.8.14　西塘古鎮

西塘東坡肉

西塘古鎮屬於浙江省嘉興市嘉善縣，地處浙江、江蘇、上海三地的交界，建鎮始於明朝，此地河流密佈，石橋橫越，巷弄交錯，古宅相連，主要景點有石皮弄，五福橋和有六百多年歷史的一對雌雄銀杏等，而最具特色的就是沿河而建長達二千多米的煙雨長廊，這個商店林立的雨廊，讓逛街的遊客可以遮陽避雨，還有靠背長椅可供歇腳。長廊的店家有許多都有賣東坡肉，東坡肉大塊而方正，綁著藺草放在大鐵鍋裡紅燒熬煮，色澤紅亮，香氣四溢，看了令人垂涎欲滴。其實東坡肉並非西塘特有，東坡肉是北宋年間，蘇東坡被貶官於湖北黃州時所創，當時蘇東坡生活困頓，在朋友的資助下築有一間東坡雪堂，而當地人不太會烹煮豬肉，蘇東坡將燒豬肉加酒，用小火慢煨做成色澤紅潤，醬汁濃稠，味道濃郁的一道紅燒肉，蘇東坡還為此寫了一首〈豬肉頌〉，後人效法烹製皆曰東坡肉。如今中國到處都有這道名菜，入鄉隨俗，既然西塘有東坡肉，就點來一嘗，還點了鹽水河蝦和雞蛋炒地衣（一種長在土表的菌類），東坡肉酥爛可口，豐腴滋潤，至少西塘沒有辜負蘇東坡在艱苦歲月下創造出來的美食。

2013.8.13　烏鎮古鎮

烏鎮羊肉麵

位於浙江省嘉興市桐鄉市的烏鎮，是江南六大古鎮之一，這裡河流縱橫交織，是典型的水鄉「小橋、流水、人家」的代表，素有中國最後的枕水人家的美譽，自從2014年開始這裡被選為世界互聯網大會的永久會址。烏鎮主要景點有東柵景區、西柵景區、江南百床館、古戲台、文學家茅盾故居等，烏鎮特產眾多，最出名的首推古時作為貢菊的杭白菊，占全國總產量的百分之九十以上，另有手工蠟染的藍印花布以及由白米、白麵、白水釀成的烏鎮「三白」酒。烏鎮羊肉麵或稱酥羊大麵是天冷時節烏鎮人的最愛，烏鎮羊肉麵湯色和肉色皆棕褐偏黑，一開始看起來有點令人吃驚，羊肉大塊香而酥爛，湯頭則略顯偏甜，整體而言倒也好吃。烏鎮羊肉麵的重點是羊肉的烹製，用的是嘉興當地的湖羊，羊肉切大塊用細繩或稻草捆扎，加醬油、鹽、糖、味精和香料，放入大灶加柴火長時間燜煮而成。我雖然正值盛夏之際來到烏鎮，但午餐忍不住就點了一份烏鎮燒羊肉配三白酒，在烏鎮住了一晚，隔天早上又找了一家麵館，來一碗烏鎮羊肉麵當早餐，管它上不上火，反正我已買了幾罐杭白貢菊準備滅火。

2015.1.20　北京王府井

北京烤鴨

說起北京，最容易被提起的便是紫禁城和烤鴨了。北京烤鴨店眾多有名的像大董烤鴨、利群烤鴨、便宜坊烤鴨、鴨王烤鴨等，但若要論名氣和歷史，無疑北京烤鴨的創始店「全聚德」是第一招牌。全聚德烤鴨創於清同治三年，距今已超過一百五十年的歷史，創始人楊全仁本於紫禁城前門肉市街販售生雞鴨，後來頂了一間倒閉的乾果舖「德聚全」，把店名倒過來並引進清朝皇宮掛爐烤鴨的技術，遂讓「全聚德」烤鴨聲明遠播。北京烤鴨的特點是用果木烤製，師傅當場片肉，香氣誘人，皮脆肉嫩。經典的吃法是鴨肉蘸甜麵醬，放在荷葉餅上配以蔥絲和黃瓜絲，然後用手捲起來吃，另一種是把空心芝麻餅打開，鴨肉蘸點蒜泥並取桌上隨意青菜放入餅中夾著吃，最後一種是把片好的脆鴨皮直接蘸著白糖吃。好吃的鴨點還有芥末鴨掌、鹽水鴨肝、鹵水鴨胗、火燎鴨心等。到北京不能不看紫禁城，到過紫禁城不能不吃北京烤鴨，否則算是白來，雖然大清帝國已成過眼雲煙，還好全聚德把這皇宮御用美食推向平民化了，逛紫禁城再吃烤鴨，成了我到北京的一種儀式，在全聚德像古時皇宮御用的用餐環境下，再喝上一口二鍋頭，嗯……朕，今天酒足飯飽，喜悅甚是。

2015.1.16　北京什煞海

什剎海烤肉季

位於北京西城區的什剎海，清代起就是有名的遊樂消暑之地，什剎海包括前海、西海和後海，四周原有十座佛寺，故有此名。現在的什剎海，湖岸餐廳酒吧林立，夏日岸邊喝啤酒，冬日湖上溜冰，這裡散發著一種帝都特有的風情。位於銀錠橋邊上的烤肉季，是我每到什剎海必來的一家清真餐館。烤肉季創於清道光二十八年，距今已有一百七十多年歷史，創始人季德彩乃一回民，原在什剎海邊上的荷花市場擺攤賣烤肉，烤肉獨特，後經幾代持續經營積攢，買下現在的酒樓。烤肉季的烤肉和一般的烤羊排或烤羊肉串不一樣，它是用羊腿或上腦部位切成薄片，再用酒、醬油、醋、鹵蝦油、薑、蔥絲、香菜葉等調成的醬料醃過，再放到一面很大的平板銅鍋或鐵鍋上加以撥撩翻烤。烤肉焦香軟嫩，可以點荷葉餅包來吃，吃完再來一口糖蒜，那真是絕配，還有切薄片的羊臉肉蘸醬料吃也特別，我也喜歡它的生核桃仁拌小茴香。論北京風情什剎海第一，說起什剎海美食，那季姓人家的「烤肉季」絕對不能錯過。

2015.1.21　北京一碗居

門丁肉餅

第一次在北京看到「門丁肉餅」這個招牌時，不知道那是賣什麼？就點一份來吃，一上桌，樣子像牛肉餡餅，比一般牛肉餡餅面積小但厚度特別厚，約有五至六釐米。入口一咬滾熱肉汁直流，吃這個不能心急也不能太大口，否則肉汁外濺會弄得滿身油污還有燙傷之虞。可對於喜歡吃肉的人來說那絕對夠勁，皮薄肉豐，肉汁鮮美，吃在嘴裡那蔥爆牛肉的味道非常濃郁。門丁乃是由「門釘」演化而來，相傳清宮慈禧太后用膳時，御膳房準備了一道類似牛肉餡餅的小食，太后問這是什麼？宮廷太監因肉餅形狀很像紫禁城宮中城門的門釘，因此回答：門丁肉餅。門釘肉餅如今是一道老北京回民的著名小吃，肉餅厚實但皮薄餡豐，點二個門釘再來一碗小米粥，非常適配，保證可以滿足嗷嗷待哺的胃腸。門釘本來是皇家宮門上加固木門拼接橫條的釘子，後來釘帽做成有裝飾作用的圓頭狀，皇宮城門的門釘規格最高，九橫九縱共八十一個，王公貴族依級別遞減，一般老百姓的大門是沒有門釘的。每次到北京遊紫禁城或各大王府，看到宮門上的門釘，總會開始飢腸轆轆，可能就是這個大蔥牛肉餡餅化身的無形滋味吧！

2017.7.22　蘇州

自製涼拌牛肉

出門在外旅遊，吃遍東西隨手拍，各地美食各具特色，有些食材或器具屬當地特有，有些烹調工序繁複，很難在家複製。這個自製的涼拌牛肉，食材普通，做法容易，是我在武漢的一家小店吃過涼拌牛肉後自行改良而來。牛腱子肉洗淨，放入一大砂鍋中，加入八角、月桂葉、肉桂皮、花椒、乾辣椒、大蒜瓣、生薑片、大蔥段、醬油、海鹽、冰糖和米酒，加水淹過肉面，大火燒滾後除去浮沫，轉小火慢燉共兩個半小時，中途牛腱翻面一次。熄火後蓋好鍋蓋燜半小時，牛腱取出放涼後切片備用。取一大碗，洋蔥切絲鋪在碗底，把切好的牛肉散置在洋蔥絲上。取一小鍋加入植物油開小火，放入大蒜片和花椒粒，等油滾連同食材直接淋在牛肉上面，最後在牛肉上淋少許黑醋和香油，把食材全部拌勻再撒上香菜即可食用。這道菜在家自製是下酒好菜，不管波爾多紅酒，金門高粱或是威士忌來一杯準沒錯，怕辣的在準備洋蔥絲時先用冰水泡十五分鐘再擠乾殘水加以涼拌即可。覺得好吃的菜一定要重複做，做到自己都覺得好吃，然後這道菜你就喜歡重複做它和吃它，然後就是不停地重複……，也許這就是人生。

2013.9.12 周莊

桂花糯米藕

經典美食的出現往往和地區自然的風土人文息息相關，而時令的產出又和當地人民的智慧結合，造就了一個代代相傳的味道，桂花糯米藕或稱蜜汁糯米藕就是這樣在江南一帶非常盛行的甜點。江南水鄉，江河交錯，湖泊棋列，水中蓮花繁盛，而江浙一帶喜植桂樹，每年金秋時節，蓮花藕熟，稻米穗滿而桂花飄香，在這個秋高氣爽的季節，江南百姓的智慧把桂花，糯米和藕做了一個完美的結合，創造出這道江南名點「桂花糯米藕」。此道甜品做法多樣，但大同小異，一般是藕節去皮，在一端切開一個約一兩釐米的小蓋，藕洞洗淨後塞入事先泡好的糯米，把小蓋蓋上用竹籤戳入固定，放入鍋內加水淹過藕面即可，加入紅糖和紅棗，開大火煮滾後轉小火半小時，加入冰糖再煮二十分鐘後取出放涼然後切片裝盤備用，鍋中湯汁加糖桂花煮到濃稠收汁，取出淋於藕片上，最後再淋上蜂蜜並撒上乾燥桂花上桌。桂花糯米藕，香甜軟糯，口感綿密，每到江南小館吃著這道甜點，總會想吟唱一首江南漢樂府民歌：「江南可採蓮，蓮葉何田田，魚戲蓮葉間。魚戲蓮葉東，魚戲蓮葉西，魚戲蓮葉南，魚戲蓮葉北」。

2018.7.8　深圳龍華

紅火朝天湖南菜

說起湖南菜我對它是又愛又恨，愛其刺激銷魂之極致，恨其不可承受之苦，每次吃完湖南菜我總是發誓下次再也不要再碰這鬼玩意了，但每次發誓後碰到好吃的湖南菜又總是毫無節制地大快朵頤，我想這就是湖南菜的魅力，一種猶如烈焰焚身而後如鳳凰浴火重生的飲食體驗。湖南菜以香辣聞名中外，辣椒無疑是此菜餚的靈魂，著名的湖南菜很多，譬如農家小炒肉，剁椒魚頭，火焙魚，辣椒炒臘肉等等， 無一不是帶著大量辣椒，紅火登場，連不吃辣的食客看到也每每驚豔稱奇。湖南菜價格實惠能夠滿足顧客吃香喝辣，大小餐館早已在全國各地遍地開花，我在深圳工作多年也常有機會吃到湖南菜，而位於龍華新區的一家「湘域迎君」餐館令人印象深刻。這餐館除了一般典型的湖南名菜，我最喜歡一道香辣胴子骨，這個菜以豬大骨為材料，滿滿紅辣椒覆蓋其上，出場時灑上烈酒用火點燃，那個架勢真是紅火朝天。享用時先撥開表面那層辣椒，用手拿著骨棒大口啃著大骨邊上的筋肉，香辣軟爛，滋味豐腴，這時滿嘴炙熱令人欲罷不能，這道菜在夏天配一些啤酒很是過癮，而在冬天假如再燜上一口白酒，感覺整個人宛如一條火龍直竄雲霄一般。

2007.2.26　巴黎

勃艮地焗烤蝸牛

世界公認的三大美食國家，法國、中國和土耳其，其中法國是西方餐飲的經典，中國是東方美食的代表，而土耳其地處東西文明交匯的歐亞大陸橋樑則融合兩者的元素。法國餐素以精緻高檔聞名，經典的法國料理很多，但有一道頗受爭議而出名的美食便是焗烤蝸牛。世界各地飲食千奇百怪，材料種類也是不勝枚舉，而蝸牛這種食材全世界除了法國之外，其他地方食用的人並不多，我在台灣南部農村長大，小時候物資缺乏，也偶而抓捕一些野生蝸牛，媽媽用大蒜和九層塔烹製後食用。據統計法國一年要將近吃掉十億隻蝸牛，法式蝸牛的料理以勃艮地最為有名，這裡也出產全世界最好的紅酒，據傳這道料理是十八世紀的法國外交家要求他的廚師在歡迎俄國沙皇亞歷山大一世的晚宴上創造出來的，從此風靡各地變成一道傳統的法國美食。這道勃艮地蝸牛經典的做法是以奶油、蒜末、荷蘭芹等香料調味採用焗烤方式製成，吃的時候用叉子從蝸牛殼內挖出蝸牛肉食用，這道菜也算是法式料理中的怪咖，許多人並不感興趣，甚至嗤之以鼻，我的建議是怕的話，食用的同時多灌點白葡萄酒，去去腥並且壓壓驚。

2018.7.11　竹北

梧桐貝貝的咖啡時光

現代人的工作和生活形態相當多元，而三餐的需求也和不同族群有所差異，有些餐廳適合講究工作效率的上班族，而有些餐廳適合慢生活的人們。位於新竹縣竹北縣政府附近的梧桐貝貝，正是一家適合慢慢品味的小餐館，餐廳名字取得優雅趣味，位於二樓的空間不大大，但是佈置得相當舒適。這是一家提供早午餐和下午茶的西餐廳，整個環境氛圍帶著古典的歐風。我第一次去差點找不到門面，原來透過一樓的小走廊沿著樓梯才能找到這個隱秘而幽靜的地方。餐館除了早午餐也有義大利麵等西式餐點，我點了南瓜濃湯和法式鹹派，餐點美味可口，又飯後來個檸檬蛋糕和一杯咖啡，此時法國香頌在整個空間迴盪低語，令人心情放鬆而愉悅，感覺時光帶著一種慵懶的愜意，我想這樣的餐廳其格調應該和餐廳主人的風情有關。人生過半，嘗過各地美食佳餚，當用餐的選擇不再僅是填飽肚子，我想能夠找到一家在物質和精神上都對味的餐館，應當是一種難得的機遇。盛暑之際，窗外綠蔭盎然，我何其有幸在一個優雅的小餐館，度過一個人的咖啡時光，享受著一份難得的悠閒。

楊塵作品系列

畫意攝影（1）
我的攝影之路：用光作畫

吃遍東西隨手拍（1）
吃貨的美食世界

走遍南北隨手拍（1）
凡塵手記

楊塵生活美學（1）
峰迴路轉

楊塵生活美學（2）

我的香草花園和香草料理

楊塵私人廚房（1）

我愛沙拉

楊塵私人廚房（2）

家庭早餐和下午茶

楊塵私人廚房（3）

家庭西餐

國家圖書館出版品預行編目資料

吃貨的美食世界／楊塵著. --初版.--新竹縣竹北市：楊塵文創工作室，2019.2
面； 公分.——（吃遍東西隨手拍；1）
ISBN 978-986-94169-2-4（平裝）
1.飲食 2.攝影 3.旅遊文學
427.07 107021780

吃遍東西隨手拍（1）

吃貨的美食世界

作　　者　楊塵
發 行 人　楊塵
出　　版　楊塵文創工作室
302新竹縣竹北市成功七街170號10樓
電話：（03）667-3477
傳真：（03）667-3477
設計編印　白象文化事業有限公司
專案主編：徐錦淳　經紀人：徐錦淳
經銷代理　白象文化事業有限公司
412台中市大里區科技路1號8樓之2（台中軟體園區）
出版專線：（04）2496-5995　傳真：（04）2496-9901
401台中市東區和平街228巷44號（經銷部）
購書專線：（04）2220-8589　傳真：（04）2220-8505
印　　刷　基盛印刷工場
初版一刷　2019年2月
定　　價　350元